Driven to Delight

Delivering World-Class Customer Experience the Mercedes-Benz Way

メルセデス・ベンツ「最高の顧客体験」の届け方

ジョゼフ・ミケーリ
Joseph A. Michelli
月沢李歌子訳

日本実業出版社

Driven to Delight

by

Joseph A. Michelli

Japanese translation rights arranged with
McGraw-Hill Global Education Holdings, LLC.
through Japan UNI Agency, Inc., Tokyo

はじめに

メルセデス・ベンツＵＳＡ　社長兼ＣＥＯ

スティーブ・キャノン

いま読者の皆さんが手にしているのは、「**変革と決意の書**」である。

本書は、世界で最も知られているブランドの１つであるメルセデス・ベンツで行われた大改革の詳細を内側から明かす。「**世界最高の顧客体験（カスタマー・エクスペリエンス）**」を提供しようと力を尽くした人々の記録でもある。

「自動車メーカーが世界最高の顧客体験を提供するなんて、おとぎ話に過ぎない」と思う人もいるかもしれない。だが、「**最高でなければ意味がない（The Best or Nothing）**」という信念は、車を発明し、世界に革命を起こした１２９年の歴史を誇るわが社に深く根づいている。

だから、おとぎ話でも何でもないのだ。お客様に対してこの約束を守ることは、わたしたちの義務である。「すべてのお客様に最高の体験を届ける」という誓いを忘れるつもりはない。

しかし、わたしたちが提供していた体験がそうした水準に達していなかったことも、また、日々お客様がほかの企業から提供されているすぐれた体験に及ばなかったことも認識している。当社の車の素晴らしさは際だっていたが、販売、修理、オーナー体験といった人間味が問われる部分はそれに追いついていなかった。

そのために、「最高の顧客体験」を求める旅が始まった。旅の終わりはない。お客様に素晴らしい体験を提供する旅に終着点はなく、今日の体験を明日はさらに良くするために、絶え間なく努力を続けるだけである。

改革は、人、画期的なプロセス、お客様とのつながりの構築、さまざまな手続きを容易にするためのテクノロジーに投資したことによって前進した。わたしはメルセデス・ベンツＵＳＡの社長兼ＣＥＯとして、この改革の実現を目にすることができたのを誇りに思う。

そして、素晴らしい体験をすべてのお客様に提供している販売店やチームのメンバーには頭が下がる思いである。わたしたちが「お客様のことばかりを考えている」のが理解されるようになってきたからだ。

それにいち早く気づいたのが、本書の著者であるジョゼフ・ミケーリだ。当社の改革の道程を記録に残すことを提案してくれたのもジョゼフだ。ジョゼフは、当社が一流の顧客体験を提供する企業をベンチマークとすることに惜しみない協力をしてくれた。そして、「製品中心」

のほかの企業が「顧客中心」への転換を図るとき、当社の改革の道程を知ることが役に立つだろうとも考えた。お客様のために一流の体験を提供しようとしている読者の皆さんが、わたしたちの改革の旅から何かを学んでくださることを願う。

リッツ・カールトン、スターバックス、ザッポスなど、一流の顧客体験を提供する企業の見識を伝えてくれ、当社の旅を記録してくれたジョゼフには感謝する。また、この素晴らしい旅の一部になれたことをうれしく思う。

メルセデス・ベンツＵＳＡと販売店を代表して、本書を皆さんに楽しく読んでいただきたいと思う。わたしたちのブランドの約束である「最高でなければ意味がない」を実践してきたことがわかるだろう。また、わたしと同じように、当社の全員が、お客様に最高の体験を提供できることを心から喜んでいることもわかってもらえると思う。

メルセデス・ベンツ「最高の顧客体験」の届け方　目次

第4章 すべての「タッチポイント」で最高を目指す

第12章 顧客体験とは、「走り高跳び」のようなもの

終章――「最高の顧客体験」に向かって走り続ける

※本書内の団体名、役職名、各種数値は執筆当時のもの。

装丁　竹内雄二
DTP　アイ・ハブ

Driven to Delight

第1章

「最高」でなければ意味がない

お客様は、わたしたちのところに来る最も重要な訪問者だ。お客様が、わたしたちを頼りにしているのではなく、わたしたちがお客様を頼りにしているのである。お客様は、わたしたちの仕事の邪魔をしているのではなく、お客様のためにわたしたちは仕事をしているのだ。お客様は、わたしたちのビジネスにとって部外者ではない。わたしたちのビジネスの一部だ。わたしたちは、お客様にサービスを提供しているのではない。お客様が、わたしたちにサービスを提供するチャンスをくれているのである。

マハトマ・ガンジー

企業の最大の強みは、最大の弱みにもなる

顧客は常に素晴らしい体験をしたいと望み、企業がそれを提供するのを期待している。そして、その期待が満たされると、「熱心な支持者（loyal advocates）」に変わる。

本書は、伝説の企業がその製品にふさわしい、素晴らしい体験を顧客に提供していないことに気づいたリーダーたちの物語である。また、伝統のブランドが顧客最優先の企業文化へと変容した物語である。さらに、独創的なビジョン、劇的な企業文化の改革、売上の持続的な成長、「顧客体験」の改善を綴った物語である。

何より最も重要なのは、あなたが、最高の顧客体験を届けるためのガイドになるということである。

ゴットリープ・ダイムラーとカール・ベンツは、今日「ダイムラーＡＧ」として知られる企業の創設者である。同社はプレミアムカーの最大のメーカーの1つであり、商用車生産の世界的リーダーでもある。メルセデス・ベンツ・カーズ、ダイムラー・トラックス、メルセデンス・ベンツ・バンズ、ダイムラー・バスズ、ダイムラー・ファイナンシャル・サービスを傘下

に従えている。1886年の創業時から、ゴットリープ・ダイムラーが抱いた信念は「最高でなければ意味がない」だ。1世紀以上を経た今日も、メルセデス・ベンツは創設者の誓いを守り、すぐれた車をつくり続けている。それを可能にしているのは、同社の卓越した技術、安全性とイノベーションにかける情熱だ。

自動車（モトールバーゲン）を発明し、最初に商業化したのはカール・ベンツだが、内燃機関はダイムラーによって大きく発達した。同社が開発あるいは発展させた技術には、タンクシャーシー、ディーゼル乗用車、直噴エンジン、第一世代のアンチロック・ブレーキシステム、エアバッグ、横滑り防止装置、レーンキーピング・アシスト機能、最近では自動運転などがある。[※1]

2015年、メルセデス・ベンツは「過去10年間で最も革新的なプレミアムブランド」と自動車管理センターとプライスウォーターハウスクーパースによって認められた。また、商用車では、メルセデス・ベンツのスプリンターが3年連続でヴィンセントリック社の「ベスト・バリュー賞（フリート部門）」に選出され、2015年にはALG（アメリカ・オートモーティブ・リース・ガイド社）の「レジデュアル・バリュー・アワード（残存価値賞）」を獲得している。

しかし、2011年、アメリカで同社は問題に直面していた。同社のリーダーたちがすでに認識していた問題が、外部の調査会社によっても確認されたのである。それは、**同社の販売店が提供する顧客体験が〝最上〟とはかけ離れていることだった。**

問題が明らかになる一方、メルセデス・ベンツUSAの経営陣も変わろうとしていた。2012年1月1日、マーケティング部門担当副社長だったスティーブ・キャノンが社長兼CEOに昇進した。スティーブは就任直後から、メルセデス・ベンツのセールスと顧客体験の改善に最優先で取り組み、次のように述べている。

「最初の60日のうちに、すべての部門の人々に会い、当社の強み、弱み、機会、脅威について話し合った。その結果、お客様が車を購入するとき、あるいはサービスを受けるときの体験を改善しなければならないと感じた。経営陣は、そこに投資することで大きな見返りがあると信じた」

そのために、乗り越えるべき障害が2つあった。

1　従来の「製品優先の企業文化」が支配的であること

2　370超の経験豊かな独立系販売店に対する影響力が限られていること

「企業の最大の強みは、最大の弱みである」とよく言われる。メルセデス・ベンツのすぐれた技術、安全性、イノベーションは、製品優先の文化の基礎となっている。メルセデス・ベンツの販売店は、すぐれた製品を提供すれば顧客がついてくると考え、顧客体験には注意を払っていなかった。一方、市場へ新たに参入するライバル企業は、販売店でのより良い体験を創出することで製品に付加価値をもたらしていた。

メルセデス・ベンツUSAの元エリアマネジャーで、引退後バージニア州アレクサンドリアの販売店でゼネラルマネジャーを務めるピーター・コリンズは次のように言う。

「1984年に働き始めたときは、レクサスはなかった。インフィニティもアキュラもなかった。インターネットもなかった。ダイムラーがどんな製品を出しても、売ってみせたよ。それが高級品市場というものだ。あの頃はメルセデス・ベンツを買うのが特権だった。だが、消費者の志向や市場の変化が激化し、テクノロジーが急速に進んだいまはすぐれた製品を出さなければダメージにつながりかねない」

バージニアビーチ販売店のサービスマネジャーであるパット・エバンズは、過去数年の顧客の変化が、メルセデス・ベンツにとってリスク要因になっていると言う。

「メルセデス・ベンツで働いて30年になるが、1980年代と1990年代の売上は年間5～6万台。お客様もわたしたちの車を愛してくれていたので、何があっても問題にはならなかった。『修理して返してくれ』と言われるだけで済んだ。いまは売上が40万台にもなっているので、ちょっとでも問題が起こると、もうウチの車は買いたくないというお客様もいる。経営陣は変化する市場でポジションをとろうとしているが、ウチの車を買って5～10年というお**客様が求めているのは、世界最高の車だけでなく、世界最高の信頼性と顧客体験だということがわかっているんだろうか**」

レクサスという最強のライバルの出現

１９８０年代後半にレクサスがアメリカの高級車市場に参入したとき、レクサスＵＳＡの広報室は、理想的な顧客体験の提供によって差別化を図ることをウェブサイトで次のように表明した。※2

「たとえ１人でもお客様にご満足いただけなかった場合、特別なサービスキャンペーンに取り組み、個々のお客様に対応したサービスを新たな標準として、ブランドを認知していただく」

１９９０年には、「レクサスとフランチャイズ契約を希望する代理店のなかから、１２１のすぐれた販売店だけが、初年度のレクサス販売店として選ばれた」という文言が追加された。こうした販売店は、多くの厳しいガイドラインに従うことに同意したうえに、「レクサスは１人ひとりのお客様を自宅に招いたゲストのようにもてなす」という「誓約」に従って行動することを求められた。

一方、新ＣＥＯのスティーブ・キャノンが率いるメルセデス・ベンツは、新しい販売店を選ぶのではなく、既存の販売店で何世代にもわたって確立された**「製品中心」の考え方や行動を**

変えることにした。

たとえば、当時の顧客は販売店でこんな体験をしている。「メルセデス・ベンツの車を買えることを感謝すべきだと言われているような気がした」と。それに対して、すぐれた販売店では、同社の車と同じように卓越した、心に残る体験をした顧客もいる。

そこに問題があった。**メルセデス・ベンツの販売店での体験は店ごとにばらばらで、接客担当者の責任がきちんと定義されていなかったのだ。**ある販売店で不満を抱いた顧客が、少し車を走らせて別の販売店へ行き、心に残る素晴らしい体験をしたということもあった。調査会社のパイドパイパー社のCEOであるフラン・オヘイガンは、メルセデス・ベンツには近寄りがたく、温かみにかける印象があると言っている。さらに次のようにも。

「2007年、メルセデス・ベンツの販売店は、まるで博物館のようだった。店員は親切で質問には答えるが、次の販売のステップに進もうとはしない。『お客様のご希望をかなえるお手伝いをさせてください』と言えばいいのに」[※3]

販売店での体験にばらつきがあることは、調査会社の顧客満足度調査の結果にも示されている。たとえば、覆面調査員を使うパイドパイパー社は、メルセデス・ベンツが提供する顧客体験を高級自動車部門ではトップに位置づけた（2010〜2011年）[※4、5]。一方、顧客満足度を販売店のセールスやサービス機能から評価するJ・D・パワー社は、高級自動車メーカーの中位から下位に当たるとしている。[※6]

目標は「最高の顧客体験を届けること」

顧客からの期待の増大、顧客体験のばらつき、質の高いセールスとサービスを提供するライバル企業の出現を背景に、経営陣は、顧客の立場から企業全般をとらえるための取り組みを全社規模で行うことを決意した。

目標は、「カスタマージャーニー（顧客が購入に至るまでのプロセス）」を可視化し、顧客にフィードバックを求め、顧客が抱える問題を迅速に解決し、「お客様に喜びを感じていただく（Driven to Delight）」、いわば「最高の顧客体験を届けること」に定められた。

この挑戦は簡単ではない。メルセデス・ベンツUSAの従業員の考え方や行動を変えるだけでなく、全米で370を超える正規販売店にも同じような変化を求めなければならないのだ。さらに、リースやローン契約、支払いにおいても、最高の顧客体験をスムーズに確実に届けられるように、メルセデス・ベンツ・ファイナンシャルサービスとも連携する必要があった。

メルセデス・ベンツUSAの従業員は1700人程度だが、販売店（小・中・大規模の独立企業）の従業員やメルセデス・ベンツ・ファイナンシャルサービスの社員は合計2万9000人を超える（メルセデス・ベンツ・ファイナンシャルサービスが1100人、販売店が2万8000人）。

つまり、**メルセデス・ベンツが提供する顧客体験に、目に見える変化を起こすには、メルセデス・ベンツ・ファイナンシャルサービスと連携し、さらに販売店のオーナーや経営者に影響を与えて、人やプロセスや技術を育て、顧客、見込み客、車のオーナーを満足させなければならない。**だが、社長兼CEOのスティーブ・キャノンと経営陣は、「直属の部下でない人々を製品中心主義から顧客第一主義へと変える」という困難な目標を達成するだけで終わらせるつもりはなかった。

彼らが目指したのは、顧客体験の提供者として高級自動車の部門で1位になることでも、全自動車メーカー（高級車、大衆車を問わず）のなかでトップに立つことでもなく、スティーブの言葉を借りれば、「**どのブランドよりもすぐれた顧客サービスと顧客体験を提供する、グローバルリーダーになることを最優先事項とした**」のだ。

つまり、リッツ・カールトン、ザッポス、スターバックスなど、著書のわたしがこれまで研究してきたような企業と肩を並べられるようになるつもりだということである。

本書は、メルセデス・ベンツの経営陣がいかに伝説のサービスを提供する企業に追いつこうとしたかを記している。本書の目的は2つ。まず、メルセデス・ベンツの戦略的ビジョン、戦術的プラン、成長と挫折を内側から描くこと。次に、読者の皆さんのチームや会社を顧客第一主義へと変え、画期的な顧客体験の提供者にすることである。

メルセデス・ベンツUSAの経営陣がいかに顧客体験の改善に取り組んだかを分析する前に、また読者であるあなたに顧客体験を改善するツールを提供する前に、まず、メルセデス・ベンツのすぐれた点から見てみよう。

世界最高水準の製品には熱烈なファンが生まれる。本書執筆中に、わたしもメルセデス・ベンツのブランドイメージ、安全性、品質について熱く語る多くのファンに出会った。その一部を紹介しよう。

車に惚れたんです。気持ちが抑えられなくて。うっかり試乗したら、買わずにはいられなくなってしまいました。試乗中、ずっとニコニコしていたようです。——ローレンス・ジャコビ（メルセデス・ベンツのオーナー）

2005年から乗っています。この席から、窓越しに車を眺めると幸せを感じます。この1年ですべて塗装し直したし、もう17万マイル（約27万キロメートル）も走っていますが、いまでもこの車が大好きです。——マイク・フィグリオロ（THOUGHTLeaders, LLC　代表取締役社長／メルセデス・ベンツのオーナー）

２００９年のＣ３００に乗っています。初めて買った高級車です。ベンツと言えば、ゆったりとした快適さが特徴的ですよね。運転すると自信が湧いてきます。購入したときは、すごく興奮しました。——スティーブ・Ｈ（メルセデス・ベンツのオーナー）

家族のために安全な車がほしかったんです。ベンツには安心感と収容能力と快適さがあります。それも、わたしたちが必要としているものを満たす車を研究したからこそ。ＭＬ３５０はすべての点で期待を超えています。——スーザン・ジェニングズ（メルセデス・ベンツのオーナー）

ベンツを運転するのは、モーツァルトをバッハのような洗練された技法で弾くのに似ています。——ジョン・Ｒ・モドリック（ピアニスト／メルセデス・ベンツのオーナー）

こうしたオーナーの感想に加え、ブランドの知名度、マーケティング、製品の品質においても、メルセデス・ベンツは世界で最も強力な企業の１つと考えられている。

たとえば、２０１４年、インターブランド社（世界最大手のブランド・コンサルティング・グループ）は、長年にわたってすぐれた性能、デザイン、技術を提供してきた同社を、〝世界で最も価値あるブランド１００社〟のうち10位に選出した。※7

「メルセデス・ベンツはアメリカとドイツでは高級車メーカーとして最高位にあり、ロシアと中国でも伝統を重んじながらも未来を先取りしたデザインが強い人気を獲得している」と述べている。また、「将来も強いブランドであり続けられるかどうかは、次世代の顧客に合う新しい製品ラインナップと〝最高の顧客体験の創出を中心とする2020年に向けた成長への取り組み〟にかかっている」とも。※8

同様に、ハリス社の市場調査では、消費者心理を示す「エクイトレンド・オートモティブ・スコアカード」で、メルセデス・ベンツは2014年に高級自動車ブランドのトップに位置づけられている。ニールセン社の自動車部門コンサルタントであるマイク・チャジーは、高級車市場の「苛酷な」競争について次のように言っている。※9

「装備、性能、スタイルにほとんど違いがなければ、ターゲット顧客とつながりや一体感を築くことができないブランドは置いていかれる」

メルセデス・ベンツのブランド力はヨーロッパや北米のみでなく、世界的なものである。2013年、『フォーブス』誌は〝世界で最も強力なブランド〟として、メルセデス・ベンツを16位に位置づけた。※10 同年行われたブランド・エクイティ社とニールセン社による調査では、メルセデス・ベンツは〝最もエキサイティングなブランド〟として、インドの全産業分野で9位、自動車メーカーで1位になっている。※11 同年11月、メルセデス・ベンツのCクラスが中国で「カー・オブ・ザ・イヤー」に選ばれた。※12 さらにロシア首相ドミートリー・メドヴェージェフは、

2014年のソチ五輪でメダルを獲得した選手全員にメルセデス・ベンツの車を贈呈した。[※13]

世界中で強いブランド力を確立しているメルセデス・ベンツだが、各地域のリーダーたちはそれぞれ異なる問題に直面している。たとえば、2015年、ダイムラーAGのCEOであるディーター・ツェッチェは、「中国では売上を伸ばすのが最優先事項だ」と『ウォール・ストリート・ジャーナル』紙に語っている。

「中国で売上を拡大できれば、(世界で)より早くナンバー1になれる」

さらに、ディーターは中国についてこう言及した。

「販売店を増やしている。昨年は100店舗増やした[※14]」

本書では、メルセデス・ベンツUSAの取り組みを中心に扱っているが、変化のプロセスは世界的に大きな影響を与えるものである。本書でも記すように、アメリカ市場で顧客中心主義が広がったことが、メルセデス・ベンツが世界的に顧客主義志向を強めるのにつながった。反対に、他国のメルセデス・ベンツで顧客体験が改善されたことが、アメリカの市場にも恩恵をもたらしている。

製品は素晴らしいが、顧客体験はそうではない

スティーブ・キャノンが社長兼CEOに就任する前は、同社に対する称賛や記事は、マーケティング、エンジニアリング、イノベーションが中心だった。本書はほかに先んじて、同社の各地域のリーダーたちが顧客体験のデザインと実践において手本となることを示すつもりである。

メルセデス・ベンツの世界的なブランド力とさまざまな経済的、環境要因に恵まれたおかげで、CEOのスティーブ・キャノンと経営陣は、「顧客体験を変える」という目標に積極的に取り組むことができた。このことについて、スティーブは次のように述べている。

「わたしがCEOに就任する前から取り入れられた、品質、環境デザイン、従業員のエンゲージメント（従業員が会社のために自発的に力を発揮しようとすること。会社に対する愛着心）戦略の多くに助けられた」

メルセデス・ベンツの親会社であるダイムラー・ベンツAGは、1998年にクライスラー・コーポレーションと合併した。当時のダイムラー・ベンツCEOだったユルゲン・シュレンプ

は「CNNマネー」の記事でこう述べている。

「本日、わたしたちは21世紀に向けて世界をリードするような企業をつくろうとしている。世界で最も創造力に富む2つの企業が1つになる」※15

だが、両社の合併は9年後に解消された。ユルゲンの後任としてCEOとなったディーター・ツェッチェは次のように述べている。

「世界規模の統合は困難だった。ブランドイメージ、お客様の好み、これまでのほかの成功要因が大きく異なっていた」※16

合併解消後、2005年~2006年にかけて、メルセデス・ベンツは品質問題に直面した。その結果、まず職場の士気を向上させる必要性が明らかになり、従業員のエンゲージメントを高めるための取り組みが始まった。メルセデス・ベンツUSAの顧客関係の責任者であるハリー・ハイネカンプはこう述べている。

「2005年から、経営陣の指示で、各部門のリーダーたちは従業員のエンゲージメントを高める取り組みを推進した。その結果、2010年、メルセデス・ベンツが自動車メーカーで初めて『フォーチュン』誌の〝最も働きたい会社ベスト100〟に選ばれた。49位だった。メルセデス・ベンツUSAでは従業員のエンゲージメントがいまでも重視され、2010年以降も『フォーチュン』誌に選出されて12位になったこともある。また、選出された企業のなかで唯一のOEM企業（発注元企業の名義やブランド名で販売される製品を製造する企業）だ」

これも「変革と決意」をリーダーだけでなく、従業員とともに実践した結果である。**従業員を大切にする取り組みが、「最高の顧客体験を届ける」ということを実現する礎《いしずえ》となった。**メルセデス・ベンツＵＳＡの経営陣は、従業員が販売店の力となる環境をつくり、その結果、販売店がメルセデス・ベンツの顧客や見込み客の力となっているのである。

スティーブと経営陣は、３７０超の販売店に、店舗の外観と雰囲気を改善するための投資を率先させた。また、２０１０年、マンハッタンの11番街に33万３０００平方フィートの旗艦店を開設した。明るく開放的な「オートハウス」と呼ばれるこの世界共通の店舗デザインは、全米のメルセデス・ベンツ販売店の標準となった。

販売店のデザインを刷新するために巨額の投資をする理由について、自動車業界専門の弁護士であるジョナサン・マイケルは『ロサンゼルス・デイリー・ジャーナル』紙に次のように記している。

「すべては拡大する販売店網の外観を統一し、『ブランド・アイデンティティ』を確立するためだ。これまでは決まった商標と正規の看板を掲げることを求めただけだったが、そうした時代は終わった。いまは完全なデザインプランがあり、建築士や業者はどこを使うか、どんな家具を買うかも決まっている」

さらに、同紙はこうも述べている。

「費用は巨額で、ほとんどすべてを販売店が負担する。ただし、改築をした販売店には奨励金が払われる。メルセデス・ベンツは、『オートハウス』のデザインに改築した販売店に、３年間、１台の販売につき４００ドルを支払った[※17]」

販売店の外観や内装を統一してブランドの存在感を高めるために、メルセデス・ベンツUSAはおよそ2億3000万ドルを、販売店は14億ドルを投資している。

スティーブがCEOに就任したとき、「オートハウスへ」の転換の取り組みはすでに進行中だった。そのため、新しい経営陣は店内で提供されるサービス体験の改善に集中することができた。メルセデス・ベンツにふさわしい体験の創出には、集中した取り組みが必要だった。

また、新車の売上が好調だったことも、顧客体験の向上のための果敢な取り組みの基盤となった。スティーブがCEOに就任したとき、メルセデス・ベンツUSAの新車の年間売上は13パーセント増加して24万5231台になった。販売店が利益をあげていたおかげで、自動車業界のみならずほかの分野でも標準となるような、すぐれた販売とサービス体験を創出することを、販売店と連携して取り組むことができたのである。

スティーブのCEO就任前の9月に販売店を対象に始まった、新しい顧客サービスの研修も役立った。「Driven to LEAD（LEADはListen〈聞く〉、Empathize〈共感する〉、Add value〈価値をもたらす〉、Delight〈喜び〉を表している）」と名づけられたこの研修は、メルセデス・ベンツUS

Aの「顧客体験チーム」のゼネラルマネジャーであるフランク・ディアド、ハリー・ハイネカンプ、ナイルズ・バーローによって生まれた（彼ら3人は盟友とお互いに認め合っている）。

フランクは、調査会社ストラテティヴィティ社の社長リオール・アルシーによる、「顧客第一主義の企業文化の創出」に関する講演を聴いたことがあった。そこで、ハリーとナイルズはリオールに会い、メルセデス・ベンツUSAで顧客体験を改善するための研修プログラムを開発する相談をした。リオールは言う。

「フランクは、メルセデス・ベンツの車は素晴らしいが、顧客体験はそうではないと考えていた。『自分たちが思うほどすぐれてはいない』と言っていたね。これまでも顧客満足度を改善する努力をしたことがあるらしい。話を聞いているうちに、これまでとは異なる手法が必要なのがわかった。研修プログラムに必要な予算はすでに確保されていたので、1日目の計画を紙ナプキンに書き出した」

研修は、2011年9月に始まった。目的は顧客サービスの変革の必要性に気づき、販売店での体験を改善するためにすぐにできることを知ることだ。メルセデス・ベンツUSAが行う初の集中的な試みだった（詳しくは、第2章で紹介する）。

後の章では、「最高の顧客体験」を提供するための戦略と戦術をメルセデス・ベンツUSAがいかに進化させたかを振り返る。「最高の顧客体験を届けるブランドになること」を宣言するミッションステートメントがいかに誕生したかも探る。本書のタイトル「Driven to Delight」は、まさに同社の従業員や販売店のスタッフが、納入業者、チームのメンバー、顧客に喜びを感じていただく、というビジョンを表わしている。

また、同社が、顧客に「最高の顧客体験を届けること」を最優先とする企業文化へと転換する初期のプロセスとともに、卓越した顧客体験を提供する世界的企業をいかにベンチマークにしたかも紹介する。経営陣が定めた主要な目標や戦略、そして顧客の声を社内外の機関を使っていかに評価したかもわかるだろう。

販売店で行われた、さまざまな業務上の、また企業文化を改革するための取り組みも紹介する。メルセデス・ベンツUSA、メルセデス・ベンツ・ファイナンシャルサービス、納入業者、販売店の経営者や現場のスタッフが改革に取り組んだ際に直面した問題や、大きな成功についても伝える。

さて、メルセデス・ベンツの変革の旅を知って、あなた自身の顧客体験を改善する前に、顧客優先主義への取り組みがいかにメルセデス・ベンツのオーナーや見込み客に影響を与えたかを見てみよう。スローガンや、それに続くビジョンや戦略を超え、「最高の顧客体験を届けること」は顧客の人生や物語において現実になっていった。

オーナーの1人、シェリル・バーンボームは次のように語っている。

わたしはソーシャルワーカーとして、人々のお世話をする仕事をしています。こういう仕事をしていると、誰かに親切にしてもらうのがすごくうれしいんです。トムはわたしが車を借りているホワイトプレーン・メルセデスの販売担当者です。

借りて6週間もたたず、まだ1600キロも乗っていなかったときのことです。車内からトムに電話をしました。「大変！　いますごい事故を起しちゃったの。どうしよう？」。すると、トムが「わたしが何とかします。心配ないですよ」と言ってくれたの。それから保険会社にどう連絡するかとか、必要なことを1つひとつ説明してくれて、大事にされているのを感じました。ありがたかったです。

さらに、別のオーナー、ジョン・L・アルパは次のように話している。

2011年11月のことです。リンパ腫（B細胞非ホジキンリンパ腫）と診断されました。販売店に行くとみんなが集まって来て、「わたしたちがついています」「応援しています」「神のご加護を」などとスタッフ全員で書いてくれたカードを渡されたんです。びっくりしました。信じられないほど。本当に素晴らしい人たちですね。車を修理するだけじゃなくて、客のこともこんなに気にかけてくれるのですから。

2012年に発生したハリケーン・サンディによってメルセデス・ベンツのリムジンが大きな被害を受けた顧客は、このように話した。

2カ月間、つらくて、2カ月間、笑うことができませんでした。それでも働かなければいけなかったし、車にも働いてもらう必要がありました。大変な目に遭いましたが、メルセデス・ベンツのおかげで立ち直ることができました。販売店の皆さん、ありがとうございます。おかげで、自分の人生を取り戻すことができました。家族のために、また働くことができるようになったんです。

こうした顧客の声を、www.driventodelight.com/customerstoriesではさらに紹介している。顧客がただ満足すればいいとは思っていない。ここに記したような話を聞きたいと願っている。こうした話が「ロイヤルカスタマー（忠実な顧客）」をつくり、さらなる顧客を紹介してもらう基盤となるからだ。

それでは最高の顧客体験を届け、顧客を感情の絆でつなぎとめるために、メルセデス・ベンツがいかに変革していったか、その詳細を見ていこう。

Driven to Delight

第2章
目標への「ロードマップ」を描く

船をつくろうとするなら、人々に木材を集めさせたり、仕事や労働を割り当てたりするのではなく、果てしなく広大な海への憧憬を伝えるといい。

アントワーヌ・ド・サン＝テグジュペリ

ベンツ、ディズニーから顧客体験を学ぶ

あなたの会社のサービスを受けるお客様にどのように感じてほしいだろうか？　あなたの会社が提供する顧客体験をどのようなものにしたいだろうか？　近所で、地域で、業界内で最上の体験を提供したいと思うだろうか？

メルセデス・ベンツUSAのリーダーたちも、こうした質問に対する答えを考えた。答えははっきりとしていたが、厳しい挑戦でもあった。

CEOのスティーブ・キャノンは、メルセデス・ベンツが「誰もが認める最上の顧客体験の提供者」になるために力を尽くすよう経営陣を導いた。同社の顧客は、高級品市場のほかの提供者からさまざまな素晴らしいサービスを受けている。だがスティーブは、販売やサービスを通じて、常にそれらを上回る関係を顧客と築くことを思い描いたのだ。

CEOに就任して60日のうちに、スティーブはこうしたビジョンを経営陣に話し、「世界一流」のサービスを継続的に提供するためのロードマップを描くよう指示した。それに応じて、2012年2月、メルセデス・ベンツUSAとメルセデス・ベンツ・ファイナンシャルサービ

スのリーダーたちが集まるオフサイトミーティングが開かれた。

ミーティングには、伝説の顧客体験を提供する企業から学ぶ必要があることを強く印象づけるべく、ディズニーの元重役が招かれ、顧客第一主義の企業文化を創出する重要性を参加者に示した。

ディズニーの元重役は、ミーティングの早い段階で「ゲストのために完璧な〝魔法〟をつくり出そうとしたときに直面した試練と苦難」について話した。とくに説得力があったのは、卓越した顧客体験を創出しようとする企業文化と業績との関連性である。**素晴らしい体験を喜んだゲストは、大きな利益をもたらし、株主を喜ばせてくれる**とのことだった。

そして、ディズニーがいかに従業員（「キャスト」と呼ばれる）を採用し、研修し、権限委譲しているか、世界一流の顧客体験の提供者をベンチマークにして、「顧客体験」という価値を創出することがどれだけ重要か、そして最高の顧客体験を届けることが簡単ではないことと、その実現によって得られるものをメルセデス・ベンツのリーダーたちは理解したのだ。参加者は、自動車業界外の現実世界の例を知ったともいえる。

ディズニーのテーマパークでは、ゲストを喜ばせるための権限がキャストに与えられているという。たとえば、子どもがポップコーンをこぼしてしまって泣いているのを見かけたキャストは、かわりのポップコーンを売店からもらうだけでなく、「ミッキーが見ていたのよ。これをあなたに届けてって言われたの」と伝える。こうした例を知ることで、メルセデス・ベンツのリーダーたちは、顧客を大切にする企業が提供する体験の素晴らしさを学んだ。

メルセデス・ベンツUSAの財務・経理部門の副社長であるハラルド・ヘンは、異業界の世界的企業から学ぶことの利点について、次のように述べている。

「ほかの自動車メーカーのベストプラクティスを学ぶだけでは限界がある。実際、これまではそうしていた。だが、**真の変革のためには、他業界の、製品優先ではない企業についても知る必要がある**。サービスと体験を創出する企業に目を向けることで、より高い目標を課すことができる。わたしが日本で3年間過ごしたときに、すぐれたサービスを提供する場面を目にした。ディズニーのような〝世界一流のサービス〟を学んだ参加者は、メルセデス・ベンツが提供するというのも、アメリカだけでなく、世界一流のサービスから学びたかったからだ」

顧客体験の現状を評価し、今後、目指すべき野心的な目標を設定した。

改革の行程における重要なステップが、この初期の段階ですでに始まった。積極的な傾聴と「SWOT（強み、弱み、機会、脅威）分析」のほかに、スティーブがCEOに就任してすぐに始めたのは次のことだった。

1　野心的で刺激的な変革に全社をあげて取り組むことについて、リーダーたちの意見を一致させる

2　リーダーたちが日常の業務から離れて、「提供したい」と望む最適な顧客体験を思い描く

機会をつくる

3　従来のライバル企業に限定せず、「すぐれた顧客体験の提供者」として認められる企業の例を示す

現在地を知り、ゴールまでの行程を描き、アクションプランを示す

それでは、どこから始めればいいのだろうか。正しい答えは、もちろん、いまいる場所からである。地図の製作者、ウェブサイトの開発者、わたしのような顧客体験の設計者が最初にすすめるのは、**現在地の確認である。**

つまり、**旅を始めるときは、まずどこにいるのかを正確に知る必要があるのだ。**ショッピングセンターの案内図でも、〝現在地〟が目立つように表示されているのを思い出してほしい。すぐれたサービスの価値をあらためて確認し、ディズニーのようなベンチマークとなる企業の話に刺激を受けて、メルセデス・ベンツのリーダーたちは、まず変革を起こすために重要な次の問いについて考え始めた。

・自分たちがいま、提供している顧客体験はどのようなものか？

・目標に向かう過程において、成功はどのようなものになるか？
・いまの状態から、望む状態に到達するにはどうしたらいいか？

この問いについて、リーダーたちが話し合った結果が、言葉とイラストにまとめられた。ワードで作成された分厚い文書とフリップチャートの走り書きを撮った写真はあるが、「百聞は一見にしかず」という格言もある。そこで、目標に到達するまでの行程を示すイラストが作成された。完成図は本章の終わり（図2－4）で示すが（www.driventodelight.com/map でも見られる）、ここでは現在、未来、アクションプランの3つの図を紹介しよう（図2－1、図2－2、図2－3）。

◉現在地を示すマップ

図2－1は、第1章でわたしが記した内容とほぼ同じことを示している。新しい経営陣は、顧客がメルセデス・ベンツを強力で、重要なブランドとしてとらえていると見ている。

同社は、それまでの努力や強みのおかげでアメリカで最も働きたい会社の1つに選ばれているし、製品である車は数多くの賞を手にしている。経営陣は既存の、そして将来の製品が顧客にとって魅力的なものだと評価している。また、売上も好調で、美しく、すぐれた設計の販売店を高く評価している。一方、足りないのは、**未来に向かって差別化を図るために必要な一貫した顧客体験だ。**

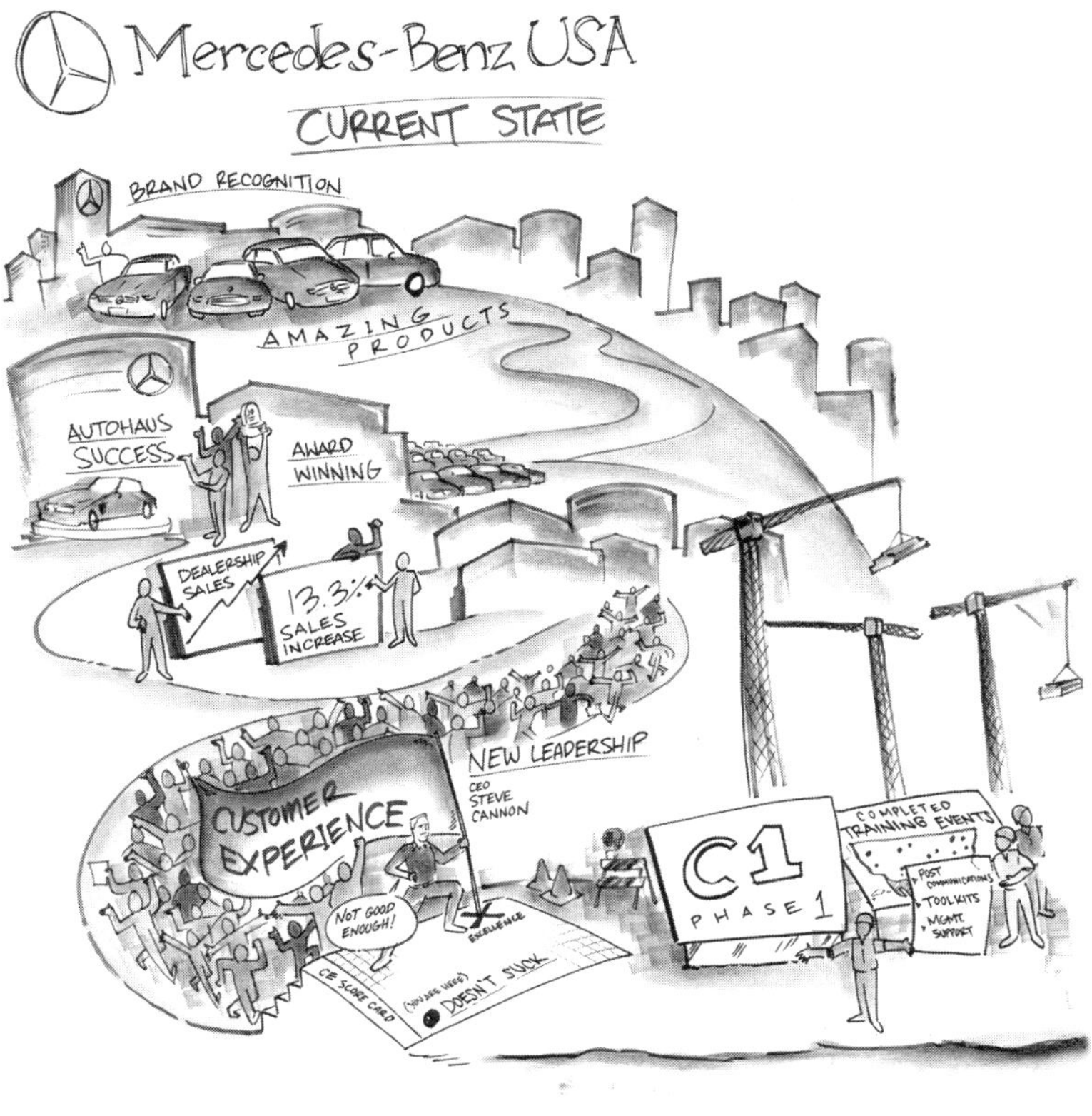

図2-1　メルセデス・ベンツＵＳＡのビジョンマップ：現在

◉未来を描くマップ

図2－2は、メルセデス・ベンツのリーダーたちが最高の顧客体験の新しいグローバルスタンダードをつくろうとしていることを示している。顧客が素晴らしい体験をしたことを語ってくれれば、改革は成功だ。多くは、SNSをはじめとしたネット上のコミュニケーションを通じて伝えられることになるだろう。

グローバルスタンダードをつくり出せれば、従業員はより大きな自信を持ち、売上は記録的に伸びて利益も増え、他社から羨まれるほどのロイヤルカスタマーを獲得し、ブランド力を強化できる。メルセデス・ベンツのサービスが顧客体験の新たな標準になれば、主要な事業分野すべてで成功を収められる。

あなたの会社は、現状からいかに顧客体験を創出するリーダーになろうとしているのだろうか？

◉アクションプランを示すマップ

顧客体験を改善するディスカッションを始めたときから、メルセデス・ベンツのリーダーたちは、**現状と目標とのあいだに大きな「溝（キャズム）」があることに気づいていた。**図2－3（42ページ）には、その溝を埋めるために何年かをかけて、多面的な取り組みが必要だという認識が示されている。

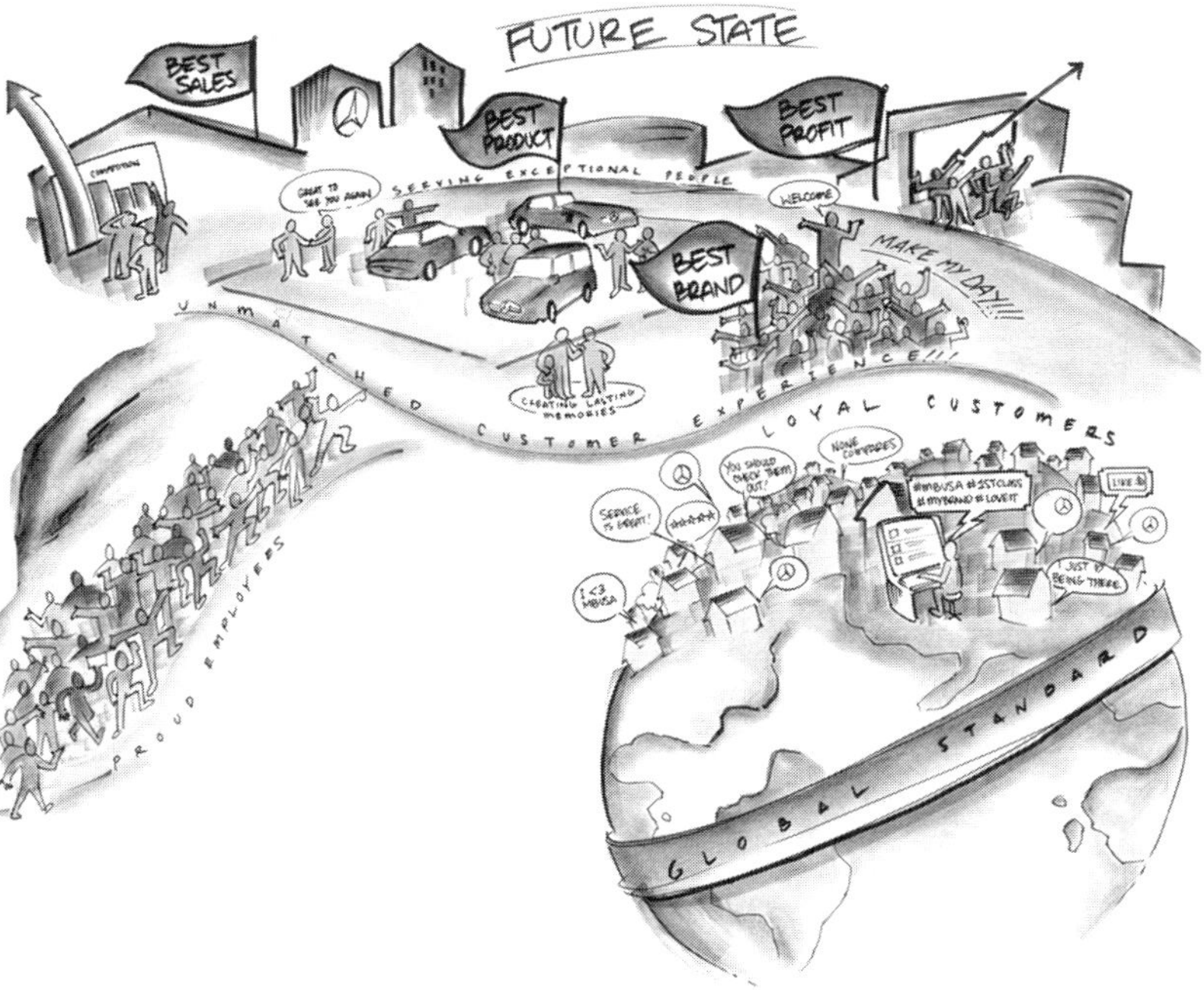

図2-2　メルセデス・ベンツUSAのビジョンマップ：未来

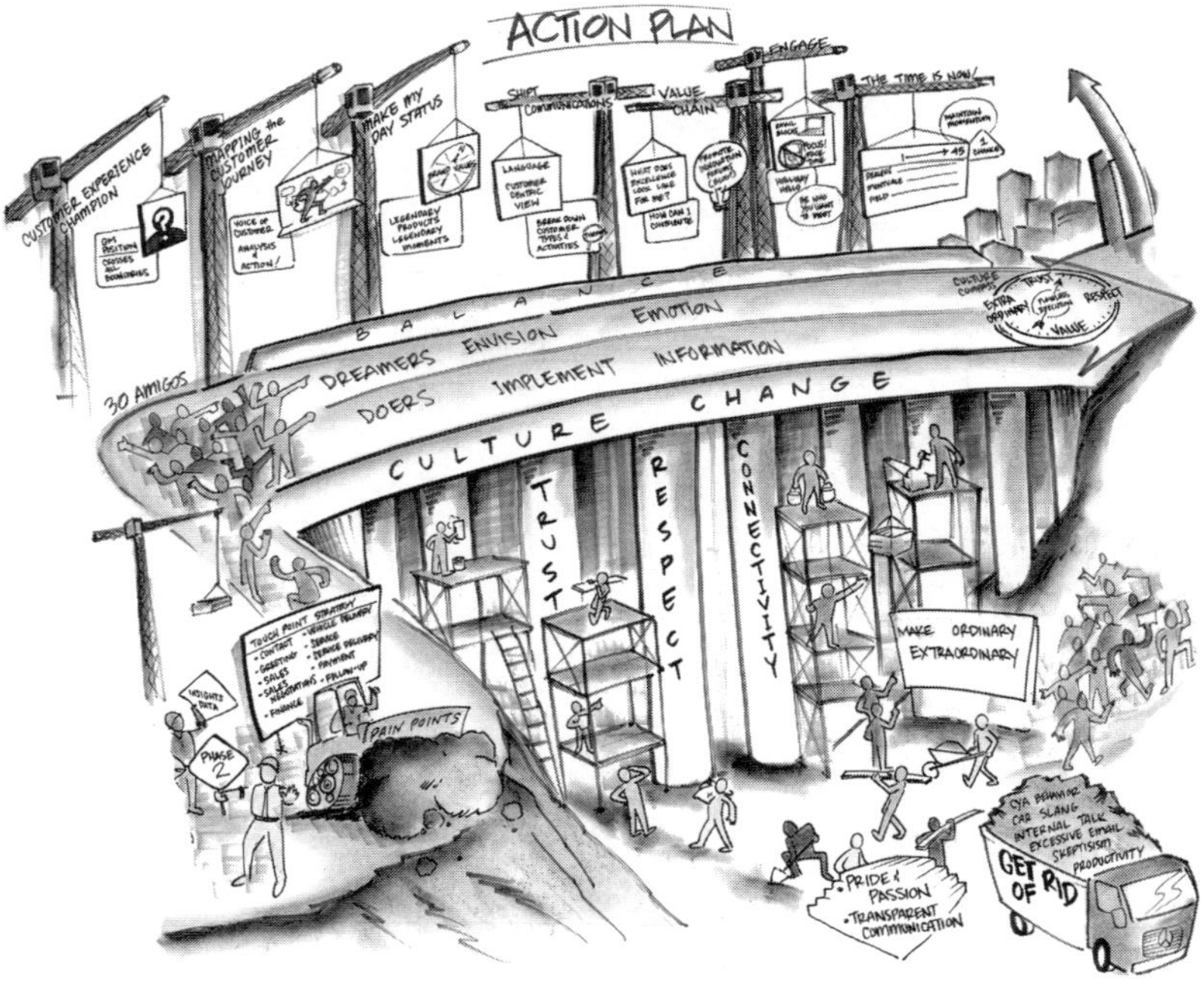

図2-3　メルセデス・ベンツUSAのビジョンマップ：アクションプラン

人材や資金を投入し、時間をかけて改革する必要があるのだ。場当たり的に顧客体験を改善したとしても、思い描くような持続的な利益を生み出すことはできないだろう。「すべてをすぐに手に入れたい」と望み、「すぐに得られる満足感」や「四半期の利益」を求める現代のビジネス界では、ビジョンを実現するために変革に辛抱強く取り組むのは難しい。

実際に、わたしも企業の重役から、顧客サービスの改善の取り組みを進めたり、「顧客体験強化の年」を実現したりするために、専門家として短期的な解決策を示してほしい、とよく言われる。そんなときは、今年が「顧客体験を強化する年」なら、昨年はどうだったのか、そして、来年はどうするつもりなのか、と考えずにはいられない。

CEOのスティーブ・キャノンとメルセデス・ベンツUSAの経営陣にとって、「最高の顧客体験を届ける」のは単なる取り組みではない。**長期的な投資、監督、マネジメントを必要とする戦略的な行程である。**

それを強調するために、スローガンがつくられ、メルセデス・ベンツUSAのあちこちに貼り出された（www.driventodelight.com/mantra）。それは次のようなものである。

driven to de(;ght

「最高の顧客体験を届ける（driven to delight）」は単なる合言葉ではない。自分たちの進む道であり、約束であり、信条である。お客様と前向きな関係を築き、お客様を笑顔にし、お客様と深い信頼感を確立するという誓いである。何よりも1人ひとりのお客様を大切にすることである。

そのために、道は果てしなく続くこと、常により思慮深い方法があること、「最高でなければ意味がない」という誓いは、車という製品だけでなく、その背後にいる人々を指すことを、すべてのやりとりの際に思い出さなければならない。

「伝えること」と「共感を得ること」は別物

ＣＥＯのスティーブ・キャノンは、スローガンに従い、顧客中心の姿勢を貫くことの重要性を繰り返し公言した。たとえば、『オートモーティブ・ニュース』誌のダイアン・キュリレンコに、「高級車市場は顧客体験をいかに提供するかの戦いになる」と言い、さらにこうつけ加えた。「それがわたしの『レガシー（未来へ受け渡すもの）』になる。販売店と協力して、当社にとって大きな挑戦を始めた。当社のブランドを然るべきものにするために人材や資金を投入し『最高でなければ意味がない』というキャッチフレーズにふさわしい顧客体験を創出する」※1

さらにスティーブは、「メルセデス・ベンツUSAがメルセデス・ベンツの企業文化を変え、すぐれた顧客体験の提供者として認められるには、それなりに時間が必要だろう」とも述べた。またスティーブは、わたしに補足として「特別な予算を確保しなくても、確実に変化を起こさなくてはならない」と語っている。改革は人材や資金の配分を見直し、効率的に達成するべきだからだ。※2

「アクションプラン」を示す図中（42ページ）にある建設用のクレーンは、2012年～2017年に改革を進めるにあたって、多くのプロジェクトが必要になることを表している。実際にどのような戦術を用いるかは後の章で見ていくが、研修が始まった当時、進行中だったプロジェクトは溝の左側（現状の近く）の地面に記されている。

アメリカの経営学者で「企業変革論」や「リーダーシップ論」の権威としても知られ、それらに関する著書も多いジョン・コッターは、「**改革を成功させるには、早期に切迫感を呼び起**

こし、指導的グループを創出し、変革のビジョンを確立してそれを伝え、賛同を得るべきだ」と述べている。

メルセデス・ベンツの場合は、オフサイトミーティングによって顧客優先主義の企業文化へと変わらなければいけないという切迫感をつくり出した。その結果、明確なビジョンが打ち出され、「最高の顧客体験を届ける」という野心的な目標に向かって、リーダーたちがまとまった。実際にリーダーたちは、ライバル企業や他業界ですぐれた顧客体験を提供する企業と、自社を客観的に比較している。

リーダーたちは「販売店全体を通して顧客体験を改善しなければ、どんなことが起こるか」、さらに「顧客とのすべての接点において、顧客第一主義の精神を発揮することができればどのような成果をもたらすか」を考えた。そうすることによって、緊迫感と変化し続ける顧客の期待を超える、特別な体験を創出したいという欲求が生まれた。

また、企業文化を変えるにはリーダー1人ひとりの努力が必要であると同時に、単一の部署や職種だけでは達成できないことも認識した。よって、すぐに行動する必要性を従業員に説明し、刺激を与え、将来のビジョンを共有し、実現しなければならないことを知った。

従業員にビジョンを伝えることと、賛同を得ることとを混同してはいけない。従業員に経営陣の考えを話したからといって、一緒にそれを追求してもらえるとは限らない。成功するには、リーダーたちが最高の顧客体験を提供する重要性を語り、改革を実践する従業員がそのビジョンに共感する必要がある。また、ほかの関係者（販売店の店長や従業員、関連企業の人々）にも、改革によってどんな成果がもたらされるかを問わなければならない。

たとえば、販売店には1つの店舗のみを経営する経営者もいれば、オートネーション社（300店舗を擁する全米最大の自動車販売チェーン）のような株式公開企業の経営者もいる。そうした、さまざまな経営者らとの連携が必要になる。販売店における顧客体験を最優先事項にするならば、まず販売店の店長の支持を得ることに注力しなければならないだろう。

このような関係者への取り組みは、スティーブのCEO就任後の全社員参加のミーティングによって始められた。実際に販売店へ働きかけたのは、その後まもなく、2012年4月にシカゴで行われた全米販売店会議だった。スティーブは前年の素晴らしい業績と景気回復の兆しについて述べた後、次のような発表をした。

「これまでの90日でわかったことがある。それは、わたしたちの品質は業界一だということだ。素晴らしいチームと販売店があり、最高の設備がある。次の大きな挑戦は、お客様に『最高でなければ意味がない』という気持ちで、顧客体験も提供することだ。そのためには、人、プロセス、企業文化が密接に関わっていく。さらに、情熱を必要とするため、『オートハウス』への転換と比べても、より大きな努力が必要となる」

また、スティーブは販売店会議の場で、「Driven to LEAD」研修プログラムへの参加に対して礼を述べ、「今後の行程の重要な出発点だった」とも言った。この会議の前に、販売店は多くの投資をして（費用の大半はメルセデス・ベンツUSAが負担したものの）、従業員を1日かけて行われる研修に参加させている。この研修には、販売店の従業員だけでなく、メルセデス・ベンツUSAやメルセデス・ベンツ・ファイナンシャルサービスの従業員も参加した。

研修のカリキュラム開発のために、調査会社のストラティヴィティ社の社長であるリオール・アルシーと彼のチームは、アメリカ国内の販売店の店長の1割に話を聞き、彼らの店で働く従業員3000人に調査票を送って、「顧客体験の質」についてどう考えているかを調べた。

研修のカリキュラムはそれをもとにつくられたが、それ以外にもメルセデス・ベンツUSAとストラティヴィティ社の多くの社員が研修の開発と提供に協力した。研修のコンテンツ、試験的な実施、研修の指導者のトレーニング、23都市における83日の研修も実施された。合計15人が研修の開発に関わり、さらに20人の研修の指導者がグループセッションに参加した。

スティーブと経営陣は、まず参加者の多さと熱心さに勇気づけられた。さらに、研修後に参加者の考え方や行動が変わったことにも励まされた。たとえば、カリフォルニア州ニューポートビーチの販売店フレッチャー・ジョーンズ・モーターカーズでは次のようなことがあったという。

「ニュージャージー州のセールスマンから電話があった。彼のお客様が休暇でカリフォルニアに来るとのことだった。こちらで乗るために車を送るとのことだったので、わたしが車を受け取り、さらにお客様を空港まで迎えに行くことになった。また、帰りも空港までお客様を送り、その後、車を送り返す手続きもする。こういうことができるようになったのは、『Driven to LEAD』の顧客体験研修で学んだおかげである。メルセデス・ベンツのオーナーの期待を超えるのがわたしの仕事だと、あらためて感じたからだ」

「Driven to LEAD」研修のコンテンツは、メルセデス・ベンツが高級品市場で顧客体験を創出する際に直面する問題として、次の3つの柱をもとにしている。

1　気づき――サービス担当者が十分だと考えていても、お客様の心には残らないかもしれないことを認識する

2　見方――365日、毎日、お客様はさまざまな企業から素晴らしい体験を提供されている。メルセデス・ベンツの販売店で提供される顧客体験は最上級のものか

3　個人、チーム、リーダーのコミットメント――最上の顧客体験を提供する鍵はLEAD（Listen〈聞く〉、Empathize〈共感する〉、Add value〈価値をもたらす〉、Delight〈喜び〉）にある

たとえば、アメリカの「Driven to LEAD」研修のほとんどを指導したストラテヴィティ

社のリオールは、研修の参加者に対して、ノードストローム（世界でも有名なアメリカの老舗高級デパート）の店にやって来た客が「買い物の予算が7万5000ドルある」と言ったとしたら、と想像させた。その後、こう質問する。

「ノードストロームの店員や経営陣はどうすると思いますか？」

リアールはさらに続けて言う。

「これは、皆さんのお客様がしていることとほとんど同じです。皆さんはノードストロームと同じような努力をし、同じような体験を提供していますか？」

この例は、自動車販売業界だけでなく、どんなビジネスでも活用できるだろう。「最上級」の顧客第一主義の企業は、製品を買いたがっている顧客にどのような体験を提供するだろうか。ノードストロームなら、従業員が顧客の家を訪れ、ワードローブを見せてもらい、買い物代行者《パーソナルショッパー》としてファッションアドバイスをするかもしれない。

あなたの会社の製品に関心を持つお客様がいたら、あなたの企業の従業員はどのようにそのお客様をもてなすだろうか？

顧客第一主義を実行するための「誓い」の効力

「Driven to LEAD」研修では、自動車業界以外の企業をベンチマークとすべきことを参加者に示し、職務を超えたチームをつくった。いかに顧客の心をつかむかと同時に、これまで顧客第一主義が実践できていなかった要因を正直に話し合った。

1日かけたオフサイトの研修に加え、販売店向けの「Driven to LEAD」ウェブサイト、販売支援のビデオ、お客様に喜んでいただいた体験談のコンテストなども用意された。体験談には、日曜日の朝早くタイヤがパンクして、販売店の従業員に自宅まで送ってもらった家族からのものもある。その日、販売店は休業日だったが、2人のスタッフがたまたま店内にいたそうだ。スタッフの1人は、その様子を次のように語った。

「お客様に近づいて行くと、『この店の方ですか？　助けてもらえませんか？』と声をかけられました。わたしは『もちろんですよ』と答え、お客様のかわりにロードサービスに電話をしようとしたところ、同僚がお客様に『これからどちらに行かれるのですか？　もしご自宅に別の車があるなら送って行きますよ。途中で朝食もごちそうしましょう』と申し出ました。すると、お客様はとても喜んでくださりました。その後、ロードサービスは10分以内にやって来て、同僚はお客様を自宅までお送りしました」

この例では、**販売店のスタッフは目の前の問題**（販売店の休業日にタイヤがパンクした）**だけでなく、顧客が口にしなかったニーズ**（移動手段と空腹）**にも積極的に応じた。**パンクしたタイヤでようやくたどり着いた販売店のサービス部門が休みだった、という家族の窮状に共感したのだ。さらに、パンクの修理のためにロードサービスを呼んだだけでなく、朝食を買い、自宅まで送り届けた。

研修の一部として、参加者はお客様の声に耳を傾け、共感し、さらなる価値を提供し、喜びを体験してもらうこと（LEAD）を誓うカードへの署名を求められる。誓いを実際の行動に移すことを約束する、この誓いを正式なものへとするステップは軽視すべきではない。

1950年代に「誓いを守る契約の力」について広く研究が行われている。研究の結果はさまざまだが、なかには「誓いを文書によって正式なものにするという行為は、誓いが果たされる可能性を30パーセント高めた」というものもある。**人は内面の整合性を求めるので、「やる」と公言すれば、実践する可能性が大きくなるのだ。定期的に誓いを新たにすれば、それを守る傾向も強まる。**

これはリーダーが、チームのメンバーに対して「顧客体験を改善する」というビジョンを明確にして、その目的に向かって組織を導いていくことを公に（文書と口頭によって）示すべきだということを意味する。

ビジョンを理解してもらうために、リーダーはメンバーに研修を受けさせる必要もある。さらに、「目の前の挑戦についてどう思うか」を従業員に問い、改革を達成するためのツールを提供し、誓いを守る契約を交わす。リーダーとメンバーが文書と口頭で契約を交わしたら、リーダーは定期的にその契約を文書と口頭で新たなものにする。同様に、誓いを守るために、メンバーの責務をあらためて確認する必要もある。

「Driven to LEAD」研修に参加した者は、誓いを守ることを記したカードのほかに、「何が妨げになっているか（What's Holding You Baek/WHYB）」を尋ねる用紙に記入をする。最高の顧客体験を届けるために、個人的、組織的に乗り越えるべき壁について考えるわけである。

研修では、参加者に「頭のなかから湧き出るささやき、とりわけ最高の顧客体験の提供の妨げとなる声には、注意してほしい」とアドバイスされる。たとえば、「前にもやったことがある」「うまくいくはずがない」「不便だけど仕方ない」といったような声だ。

また、研修では顧客第一主義への変革を頓挫させる、社内的な要因も明らかにするよう求められる。たとえば、「短期間に多くの変化が起こる」「改革を率いるリーダーが役に立たない」「コミュニケーションのためのシステムが貧弱」「チームの士気が低い」などである。

こうやって集められた情報は、アクションプランの立案に用いられる。実際に販売店の参加者からは、何千ものフィードバックがあった。アクションプランは、進捗状況を評価できるよう販売店間で共有もされた。

こうした動きによって、「最高の顧客体験を届けるために障壁となるものがある」という意見は、メルセデス・ベンツＵＳＡとメルセデス・ベンツ・ファイナンシャルサービスの重役たちまであげられ、その結果は販売店にも伝えられた。研修の参加者は、販売店によるアイデアやアクションプラン、誓いを記したポスター、自分が記入した「何が妨げになっているか」を持ち帰り、今後どんなことができるかをチームごとに話し合った。研修に参加できなかった従業員のために、スタートキットとビデオが販売店に配られた。さらに、eラーニングのカリキュラムも用意された。

メルセデス・ベンツＵＳＡ、メルセデス・ベンツ・ファイナンシャルサービス、販売店の従業員は、２０１２年の終わりまでに、研修に参加するか、eラーニングのカリキュラムを修了することになった。新入社員は、オリエンテーションや新人研修のあいだにeラーニングを受けた。こうしたことはすべて、最高の顧客体験を届けるために「なぜ、何を、いかに」創出するかについて全社的に理解を深めることにつながった。

２０１２年４月の全米販売店会議で、ＣＥＯのスティーブは「Driven to LEAD」研修を企業文化の変革の始まりと位置づけて、こう話している。

「満足していただくだけでは不十分だ。最高の顧客体験を届けるためには、平凡を非凡に変え

なければならない」

さらに、顧客だけでなく、従業員が喜びを感じることも大切だと強調した（このことはメルセデス・ベンツUSAが〝最も働きたい会社〟に選ばれていることからもよくわかる）。そして、すぐに実践すべきことを、スティーブは次のように説明した。

「業界の標準であるJ・D・パワー社の『顧客満足度指数』によると、まだまだだということがわかる。屈辱的な22位から、中位くらいまでに大きく改善したとはいえ、とても容認できるものではない。進歩はしているかもしれないが、それは他社も同じだ。２０２０年までに、わたしたちは高級品市場でどの企業よりも多くの車を売り、多くの利益を出す。わたしが社長兼CEOである限り、顧客体験をわが社の最優先事項とする。わたしたちの製品とブランドの強みがあれば、顧客体験で他社をしのぐことができると、どこにも負けるはずがない」

「最高でなければ意味がない」と明言する同社にとって、22位、いや中位というランクさえ、すぐに戦いを始めるべき合図になったのだろう。第11章で述べるように、これはJ・D・パワー社の「セールス満足度指数（SSI）」で1位、「顧客サービス指数（CSI）」も大きく改善するという素晴らしい結果につながった。

スティーブは市場に説得力のあるメッセージを発信するというメルセデス・ベンツUSAのコアコンピテンスを活用すると同時に、マーケティング部門担当副社長であった経験をもとに譲れない一線を引いた。それは最初の販売店会議の最後に流された「ザ・スタンダード」とい

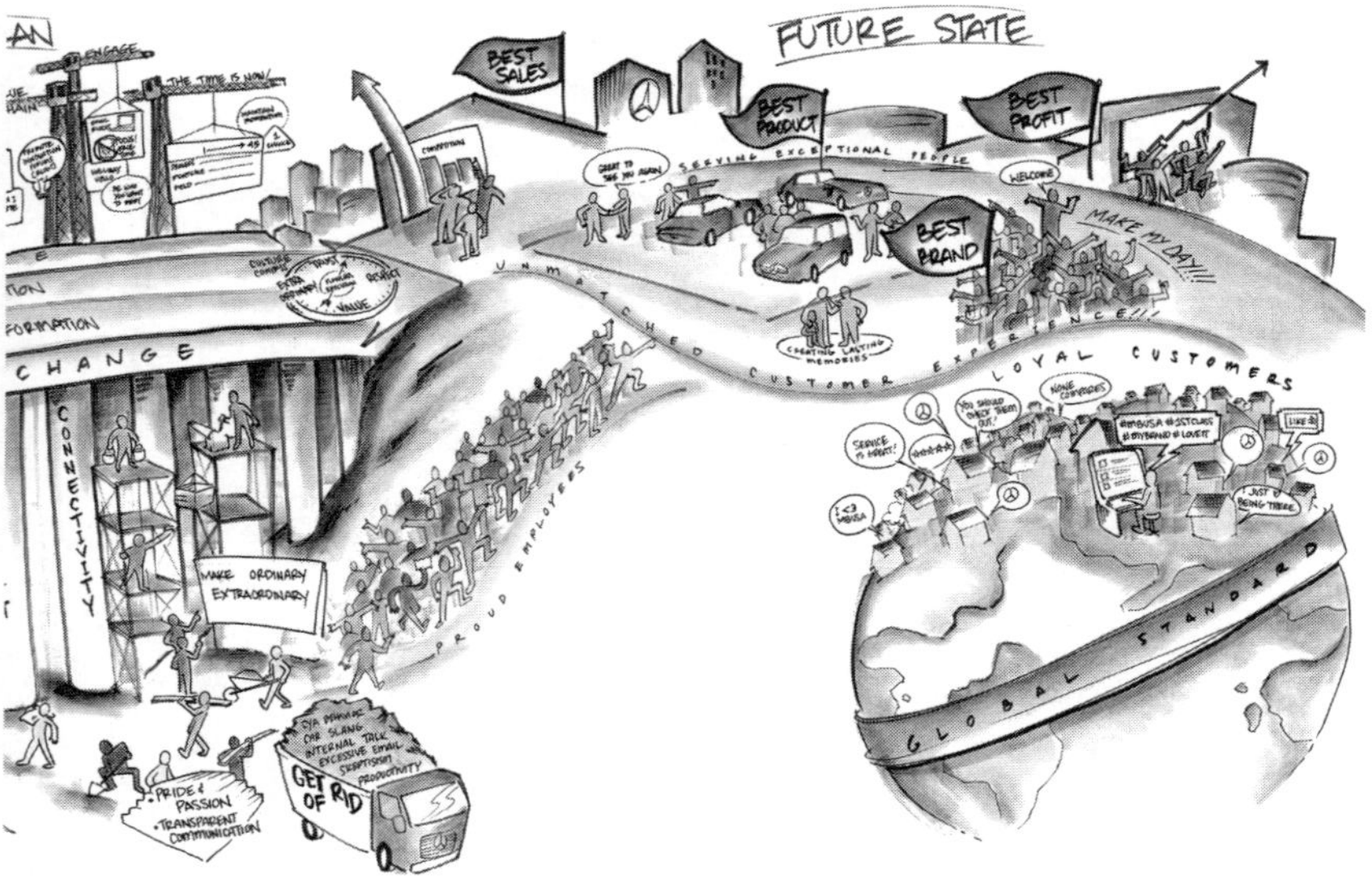

う社内向けのマーケティング用ビデオで示されている（ビデオは www.driventodelight.com/standard で見ることができる）。

「ザ・スタンダード」で語られている言葉は、メルセデス・ベンツUSAの経営陣やメルセデス・ベンツ・ファイナンシャルサービスのリーダーたちと行った最初のオフサイトミーティングから生まれたものである。最終的には、車の力強いイメージ、メルセデス・ベンツUSAの従業員の顔、次のようなナレーションによって仕上げられた。

「メルセデス・ベンツの車は、お客様との出会いも車と同じように、素晴らしく、十分に考えられ、革新性に富んだ、美しく、自信に満ちた、信頼に値するものになるという期待を運んでいます。お客様は大きな期待を抱いて、わたしたちの店舗を訪れます。『最高で

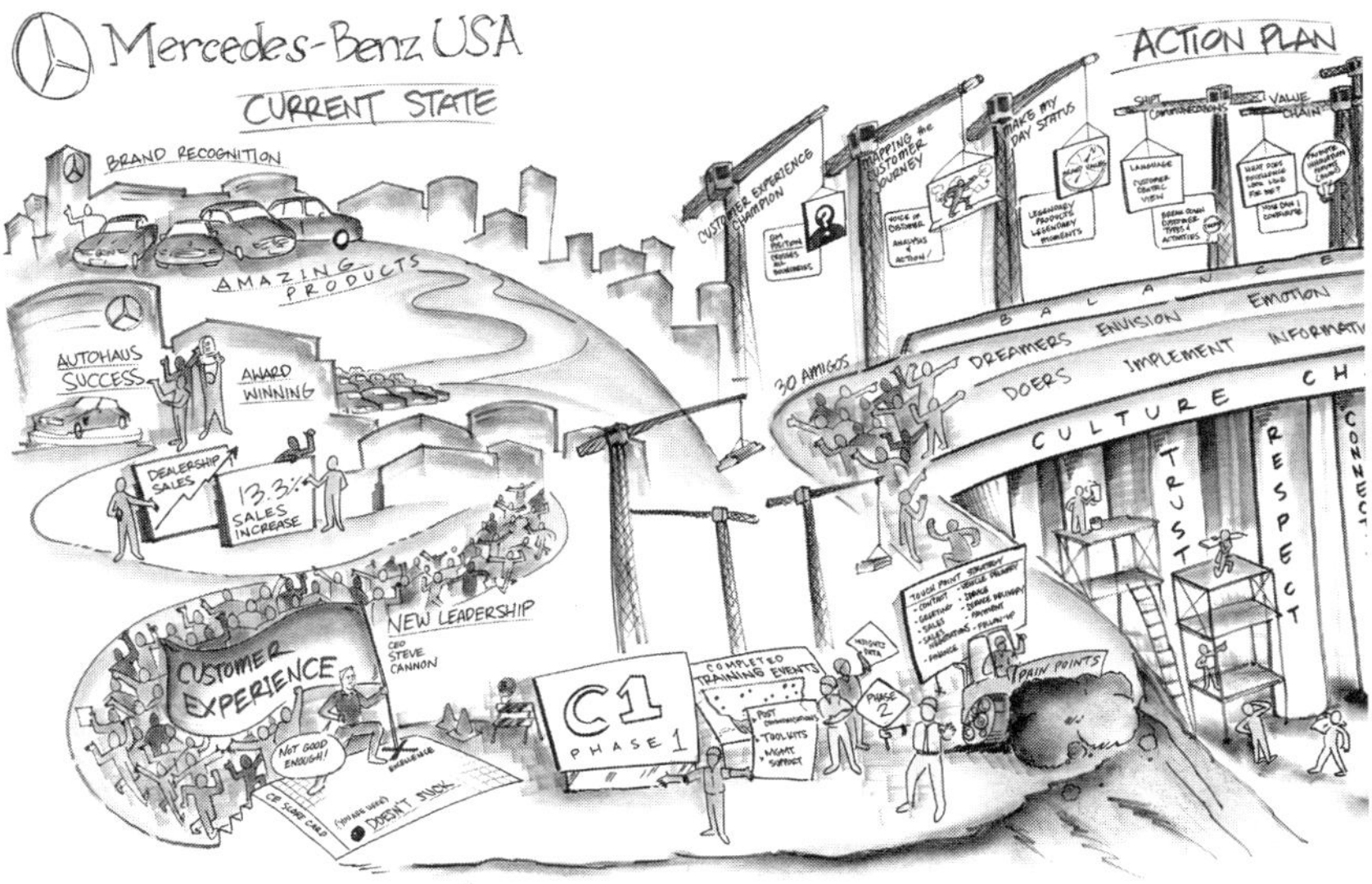

図2-4　メルセデス・ベンツＵＳＡのビジョンマップ

なければ意味がない』というわたしたちのサービスを期待しています。お客様の期待が裏切られることはありません。２０１２年は、メルセデス・ベンツの歴史のなかでも最も素晴らしい、最高の顧客体験を提供することを誓う年になります。これには、すべての部門が参加します。すべての『タッチポイント（ブランドと顧客との接点）』を見直し、改善します。そのために、販売店の従業員１人ひとりが研修を受けて、準備を整えます。いますぐ始め、休むことなく前進します。世界のベンチマークとして認められるまで。お客様の期待を超える体験を提供し、メルセデス・ベンツの名が、伝説のエンジニアリングとともに、顧客体験の素晴らしさで知られるようになるまで。メルセデス・ベンツは最高でなければ意味がないのです」

最初の販売店会議に参加したメルセデス・ベンツのリーダーたちは「ザ・スタンダード」に記してある約束を守った。すべての部署を参加させ、すべてのタッチポイントを見直して改善し、従業員1人ひとりが研修を受け、改革の準備を整えた。

さあ、メルセデス・ベンツがこれから改革のための荒れくれた道を本格的に進むにあたって、同乗する読者の皆さんもシートベルトを締めるのをお忘れなく。

第3章では、いよいよメルセデス・ベンツのリーダーたちがいかにその約束を守ったかを見ていく。

「最高の顧客体験」を届けるためのキー

◈「すぐれた顧客体験を提供する」というビジョンをはっきりと示す

◈望ましい未来を詳細に思い描き、長期的で多面的なアクションプランを構築する

◈現状評価、未来へのビジョン、未来の行動を導くアクションステップを時系列に示す

◈ビジョンに向かって改革を推進する人々を連携させる

◈すぐに行動しなければいけない理由を説明する。なぜ変化が必要なのか？　変わらなければどうなるのか？　なぜ従ってもらう必要があるのか？

◈理想的な顧客体験を提供するために、組織を変えることを誓う。チームには「誓いを果たす」ことを約束し、定期的に口頭と書面でそれを再確認する。同様に、1人ひとりに再確認する

◈変化を妨げる個人的、また組織的要因について考える。障害を乗り越えるためのプランをチームで検討する

◈関係者に直接会う機会を通じて、改革のためのメッセージを伝える。また、関係者に刺激を与え、参加を促すために、ビデオなどを活用する

◈「ザ・スタンダード」のようなツールを用いてどんな行動をするかを誓い、その誓いを守る

Driven to Delight

第3章
約束を「徹底したアクション」につなげる

敗者は守れない約束をする。勝者は立てた誓いを守る。

デニス・ウェイトリー

「大きな目的」を実現するために必要なこと

信頼とは、成功に向かって努力を続けるための礎となる。人間関係を築くうえでも、メルセデス・ベンツがたどった「顧客体験を改善する」という大きな目的を実現するためにも、信頼は鍵となる。ビジネスにおいて信頼を得るために、リーダーは自らの意図を伝え、その意図がすべての関係者に成果をもたらすことを示し、その意図を行動に移すことを誓わなければならない。

メルセデス・ベンツUSAの場合、CEOのスティーブ・キャノンと経営陣は、「最高の顧客体験を届ける」という刺激的な目標と、それが同社の従業員、販売店、顧客のニーズに一致することを示し、信頼を育んだ。同時に、スティーブとほかのリーダーたちは、関係者に次の3つの基本的な誓いを立てた。

・すべての部署が参加する
・すべてのタッチポイントを見直し、改善する
・販売店のすべての従業員が研修を受ける

これらは詳しくは「ザ・スタンダード」（56ページ参照）にも述べられているが、本章ではこの3つの約束のうち、最初の1つへの取り組みを紹介する。その後の章で、メルセデス・ベンツが行ったカスタマージャーニーのマッピングのプロセス、戦略的な連携、さらに評価基準、ツールの活用、販売店のために準備されたインセンティブなどについても見ていく。

撃つ前に照準を合わせる

顧客体験の改善、さらには企業文化の改革において、最も大きな課題となるのが組織内のさまざまな部署をどのように参加させるか、ということだ。各部署の責任者は担当分野で業績をあげることで報奨を与えられる。そのため、部署を超えたカスタマージャーニーについて考えること、ましてやそれを改善することは難しい。

部署の連携を図るために、メルセデス・ベンツの経営陣は、全社をあげて顧客体験の改善に取り組んでいる他企業を研究することにした。CEOのスティーブ・キャノンは、フランク・ディートル、ナイルズ・バーロー、ハリー・ハイネカンプの3人の重役（顧客体験の改善に強い決意で取り組む3人の盟友）に顧客体験に注力する部署をどうするべきかについて意見を求めた。

選ばれた重役らは、ビジネステクノロジーのマーケティングや戦略といった分野でサポートをするグローバル企業、フォレスター・リサーチ社にアドバイスを求めた。そこでは、3つのモデルが検討された。

1つはマーケティング担当副社長の下に、顧客体験を担当するチームをつくることだった。マーケティング部門のリーダーたちは「ブランドの守り手」であり、「ブランドの柱《ブランドピラーズ》」と「ブランドの約束《ブランドプロミス》」を伝えるのに長けている。マーケティング部門に「顧客体験チーム」を置けば、消費者のデータを活用し、部門内のコミュニケーションを活性化することができる。また、理想の顧客体験とはどういうものかをメルセデス・ベンツの社員全員に説明できる強みもある。

2つ目の選択肢は、「CCO（最高顧客責任者）」と呼ばれる新たな役職を設置することだった。2005年あたりから、さまざまな業界でこうした組織構造を取り入れる企業が増えている。「CCO」を置けば、顧客の視点から業務や戦略を分析することができ、顧客と企業のすべての接点で、顧客体験を創出し、改善することが可能になる。

最高顧客責任者評議会の理事であるカーティス・ブリガムは、「CCO」の役割を「顧客について総合的で信頼できる見方を提供し、顧客の獲得、維持、収益性を最大化するために企業のトップレベルにおいて、企業戦略と顧客戦略を構築する責任者」と定義している。

どちらのモデルにも利点があるが、メルセデス・ベンツが求めたのは、3つ目のモデル、つまり、**同社の規模、リーダーたちの能力、顧客体験を改善する取り組みの進度に合った部門をつくることだった。**最終的に承認されたのは、経営陣と密接に連携する独立チーム（メルセデス・

ベンツUSAから14人程度、メルセデス・ベンツ・ファイナンシャルサービスから5人程度）の結成である。この「顧客体験チーム」を統括する責任者はCEOのスティーブ本人だ。

メルセデス・ベンツUSAのような規模の企業にとって、14人というのはかなり小さなチームだといえるだろう。顧客体験の改善の中心となるチームをどこに配置し、メンバーをいかに選ぶかについて、このケースから次のようなことが学べる。

1　顧客に注力して成功しているほかの企業の組織を評価する

2　自社の取り組みの進度や人材に、最適なリーダーシップの手法を選択する

3　顧客体験の改善を「促進させるチーム」を大規模にすると、そのチームだけが顧客体験の改善を担当するかのように思われるので、チームはできるだけ小さく、同時に適切な人材を選ぶ

4　顧客体験の改善は、全社をあげて取り組むものと考える。単一の部署が担当するのではないことをはっきりさせるために、経営陣も直接関わり、見守る

「中心となるチーム」と「その目的」を明確にする

2012年4月、ハリー・ハイネカンプが「顧客体験チーム」のゼネラルマネジャーに選ばれた。ハリーはMBA（経営学修士）を取得し、顧客対応の分野でリーダーシップを発揮し、メルセデス・ベンツUSAの業務について深く、多面的に理解している。

ハリーは同社に参加して12年になる。その間、監査、経理、事業開発、全社的なプロジェクト・マネジメント部門で働いてきた。「顧客体験チーム」のゼネラルマネジャーに任命される前は、社員研修部門のゼネラルマネジャーを務めた。

ハリーはメルセデス・ベンツUSA全体についての知識を有するだけでなく、顧客サービスにも熱意をもって取り組み、第2章で紹介した「Driven to LEAD」研修を推進し、より良い顧客体験を提供するための方法を常に提唱している。ハリーは、「顧客体験チーム」を設置するための原案について次のように語っている。

「大きなチームはいらなかったが、ミッションを果たすことができる規模は必要だった。ほかの部署がカスタマージャーニーに戦略的に取り組み、現在と将来のリソースをいかに活用するかを計画するベースとなるものを築かなければならなかったからだ。また、お客様の声を反映したビジネス戦略を立て、それをメルセデス・ベンツＵＳＡだけでなく、メルセデス・ベンツ・ファイナンシャルサービスも含めたそれぞれの分野のカスタマージャーニーに組み込むことも求められた」

戦略的にお客様の声を活用し、カスタマージャーニーにすべての部署や販売店を結びつけるというミッションを果たすために、チームを「戦略と立案」と「(お客様の)評価とインサイト」に分けた。

「評価とインサイト」のチームは、当初からお客様の声を定量的および定性的にヒアリングすることを目的とした。それについてハリーは、次のように述べている。

「お客様の立場から、顧客体験やわたしたちがやっていることがどう見えるかを知る場がほしかった。また、具体的な数字をすぐに知り、カスタマージャーニーのすべての面で定性的でたしかな見方を提供する必要があった」

「戦略と立案」のチームのマネジャーは、「評価とインサイト」のチームの分析をもとに、カスタマージャーニーを総括的に理解する。その後、チームのメンバーとともに、各部門の副社長、ゼネラルマネジャー、部門のマネジャーが、メルセデス・ベンツＵＳＡのカスタマージャーニーを理解し、各部門がやるべき仕事を明らかにし、それに取り組むためにサポートすることになった。

「評価とインサイト」のチームをつくる

「評価とインサイト」のチームは、特定の役割を担う少数のメンバーで構成される。たとえば、BMWやレクサスなどのライバル企業と顧客満足度や顧客ロイヤルティといった面で比較調査をする専門家もいた。また、J・D・パワー社やストラテジック・ビジョン社の調査、リピート率の高い顧客を持つ自動車メーカーに贈られる「ポーク・オートモーティブ・ロイヤルティ・アワーズ」、フォレスター社の顧客体験分析、産業分野を超えた指数である「全米顧客満足度指数（ACSI）」なども注視する。さらにメルセデス・ベンツの顧客のウォンツ、ニーズ、満足度、ロイヤルティに関する有益な報告にも注意を払う。

一方、別のメンバーはインターネット上の顧客コミュニティのメンテナンスを担当している。何千人というコミュニティの参加者に目を配るだけでなく、コミュニティを発展させる。こうしたグループはインターネット上のフォーカスグループとしても機能し、製品、モーターショー、イベントなどについて語り合う。メルセデス・ベンツのオーナーや将来そうなるかもしれない人々が参加している。チームのメンバーはコミュニティの参加者と、製品、これから始まるサービス、カーアクセサリーの価格、参加者が最も重視することについて意見を交わす。

「メルセデス・ベンツをルイ・ヴィトン、リッツ・カールトン、ティファニーと比べてどう思うか」など、他業界のブランドとの比較を話題にすることもある。

だが、コミュニティの参加者は単なるフォーカスグループにとどまらない。実際、本社で行われる新型Sクラスクーペの内覧会など、ユニークで参加者が限定されたイベントに招かれることもよくある。コミュニティの参加者の1人であるデヴィッド・ソーンは、メルセデス・ベンツのオンライン・コミュニティについて、次のように述べている。

正直に告白すると、取り憑《つ》かれているんです、ベンツに。うまく説明できませんが。

これまでいろいろな車に乗ってきました。たくさんのブランドを体験しました。わたしは仕事でマーケティングをしてきましたから、ブランディングについては理解しています。ブランドに対する消費者の見方についてもわかっています。ですが、なぜかベンツに夢中なんです。

車の特許を最初に取得したのがカール・ベンツだという事実にも惹かれます。細部への配慮も素晴らしいです。最初にベンツを買ったのは1988年の190E。〝ベビー・ベンツ〟ですね。低価格なのにほかのクラスと同じように力を入れていることに驚かされます。

ベンツの力になりたいと思っているんです。向こうは必要としていないかもしれませんが。だから、アドバイザー・コミュニティに参加して、意見を述べているんです。

コミュニティでは、メルセデス・ベンツＵＳＡのさまざまな部門のリーダーたちが参加者に語りかけたり、意見を聞いたりすることができる。「顧客体験チーム」の責任者であるハリー・ハイネカンプは次のように語る。

「積極的で、熱心な参加者が、顧客体験を改善するための考えや意見やアイデアをくれるんだ。『顧客体験チーム』をつくる前は、こうしたコミュニティはマーケティングのチームが活用しているだけだった。いまでは、すべての部門の役に立っている」

企業が顧客にアイデアやフィードバックを求めれば、価値ある意見や情報が得られるのである。

「評価とインサイト」のチームのもう１人のメンバーは、「顧客体験プログラム（ＣＥＰ）」の導入を終え、現在それを管理している。ＣＥＰは売上とサービス体験をリアルタイムで把握するために開発された独自の強力なツールである。詳細は、第５章と第６章で説明する。

「戦略と立案」のチームをつくる

「戦略と立案」のチームには６名のメンバーがいる。彼らはカスタマージャーニー（詳しくは第４章参照）をマッピングし、各部署が及ぼすプラスの影響を最大化するにはどうすればいいかを、リーダーたちが理解できるようサポートする。

さらに、それぞれのリーダーが「自分が担当する範囲」と考える領域をつなぐのも重要な仕事だ。顧客の購入の意思からサービス提供の完了までを十分に理解することによって、カスタマージャーニーにおける引き渡しがスムーズに行われるようになる。そして、リソースの配分が適切であるか、顧客が何を本当に求め、必要としているものに合っているかどうかを、リーダーたちとともに検証する。

つまり、**「戦略と立案」のチームは、リーダーたちを「すべてのお客様に最高の体験を届ける」という目的とミッションにかなう行動へと導くのである。**そのために、まず戦略的な成功を示す5つの「重要業績評価指標（KPI）」を設定した。

1　自動車業界で最も高く評価されるブランドになる
2　顧客ロイヤルティを最大化する
3　高級車市場で売上首位を獲得する
4　ダイムラーAGの販売活動拠点のなかで最も収益率を大きくする
5　アメリカにおける主要な雇用主として、従業員のエンゲージメントを毎年改善していく

カスタマージャーニーの特定の部分について（たとえば、修理のために車を持ち込んだ顧客をど

のように出迎えるかなど）検討する、数日にわたるリーダーたちの会議を進行させるのもこのチームの仕事だ。

当時、「戦略と立案」のチームのマネジャーを務めたローレンス・デュプリーズは、次のように語った。

「これはメルセデス・ベンツにとって新しい領域だった。**お客様の立場に立ち、お客様の視点からカスタマージャーニーを分析した**。まずわたしたちが知っていること、そしてお客様が求め、必要としていることから学び始めた」

カスタマージャーニーにおいて、顧客が一般的に何を求め、必要とし、望むかを学んだリーダーたちは、現時点で顧客対応にどのようなリソースが割り当てられているかを明らかにした。さらに、すべての接点において顧客が必要とするものに応えるためのあらゆるプロジェクト、特別な取り組み、費用を検討した。

その後、「戦略と立案」のチームは、顧客がカスタマージャーニーにおいて「何を最も不満に思うか」を「評価とインサイト」のチームが用意した情報にもとづいて説明する。

「顧客体験チーム」のゼネラルマネジャーであるハリー・ハイネカンプは、これを「リーダーたちが、**顧客の視点から顧客の不満を見る**のに効果的なプロセスだ」と言う。そして、こうも述べた。

「**このプロセスを通して、リソースの不適切な配分、善意の空回り、顧客の低評価などをす**

ぐに理解することができるし、他分野の担当者が対処したほうが良いものもわかる。『まさか、こんなことをしていたなんて……』と驚いていたリーダーたちが、このプロセスを経て『初めてお客様の体験や、お客様が必要としているものという観点から戦略を立て、リソースの配分を決めた』と言うようになった」

あなたの会社で、顧客の声や顧客が必要としているものに合わせてリソースを配分する会議が開かれたらどうなるだろうか？　あなたの部署の計画はどのように変わるだろうか？

顧客の視点でリソースを見直す

メルセデス・ベンツUSAの顧客サービス担当副社長であるガレス・ジョイスは、顧客第一主義の戦略と立案会議を早期に開いたリーダーの1人だ。

ガレスは、2012年2月（スティーブ・キャノンがCEOに就任した約1カ月後）にメルセデス・ベンツUSAに加わり、メルセデス・ベンツ・オランダとメルセデス・ベンツ南アフリカでアフターサービス部門の副社長を務めて得た国際的な経験を持ち込んだ。何より重要なのは、技術サービスと顧客サービス、さらにアフターサービス・マーケティング、「（メルセデス・ベンツ）

カスタマー・アシスタンス・センター（CAC）」、部品のロジスティクスの戦略策定や監督に熱意を持って取り組んだことだ。

ガレスは、顧客優先の戦略と立案は経営陣の大きな変化によるものだととらえている。

「**良い答えを得られるかどうかは良い質問をするかどうかによって決まる。**この仕事に就いたとき、わたしの部署がやるべきだとされたプロジェクトがいくつもあった。どれもよく考えられて、うまく立案されていた。だが、数が多かったし、実行する人の心に響かなかった。一方、『お客様の体験を改善する』というわたしたちの目的は強力で、チーム全員が共感した。わたしたちが行っていることをすべてお客様の立場から見るというプロセスを通して、多くの思い込みを振り払い、現在のリソースの配分を精査しなければならない」

たとえば、顧客を第一に考えるためにリソースの配分が大胆に見直されたのが、「ロードサイド・アシスタンス・プログラム」だ。このプログラムは、正規の販売店で申し込みをすれば、18カ月間、メルセデス・ベンツのロードサービスをサイン1つで受けられるというものだ。顧客はガス欠になれば給油を、タイヤがパンクすればタイヤの交換を、バッテリーが上がればジャンピングスタートを、修理が必要であれば牽引をしてもらえる。

メルセデス・ベンツは、これまで同社の車のオーナーにほとんど制限なくロードサービスを提供してきた。このサービスには長い歴史があり、メルセデス・ベンツのオーナーに提供する特典として聖域と思われてきた。だが、２０１１年、顧客維持という観点からこのプログラムのメリットとデメリットを分析して、ロードサービスと顧客ロイヤルティを結びつけるという大胆な動きがあった。

「顧客体験に注力する」という取り組みは社内から生まれたものなので、使えるリソースは十分にあるとガレスは考えた。必要なのは人材や予算を増やすことではない。そこで、顧客にとって、また、企業にとっての利益を最大化するために、担当分野のプログラムや費用、人材の効率化に乗り出した。

ガレスはチームとともに、「ロードサイド・アシスタンス・プログラム」ではどのようにサービスが提供されているのかを調べた。その結果、大きな改善ができることがわかり、その改善によって削減できるコストは、価値の高い顧客体験の創出に向けられるべきだという判断が下された。そこで、（２０１１年１月４日より前に同社の車を購入した顧客は除いて）サイン１つでロードサービスを受けられる特典を保証期間内だけ提供することにした。

ロイヤルカスタマーなら誰でも使えたロードサービスを、保証期間内の顧客だけに提供するという変更は円滑に行われたと思われるかもしれない。だが、ガレスによれば、顧客１人ひとりを知る販売店の協力を得なければならなかったし、販売店はロードサービスを求められた際に、顧客とのつながりを構築し直さなければならなかった。

また、販売店はガレスにとっても顧客である。そこで、販売店のフィードバックによってさらなる修正を提案した。それは、車をメルセデス・ベンツの販売店まで牽引して、問題個所を修理することを顧客が同意した場合（顧客は無料で牽引サービスを受けられる）、メルセデス・ベンツUSAが牽引の費用と技術料を販売店に払い戻すということだった。さらに、牽引サービスの適用は、メルセデス・ベンツの正規販売店の修理部門に持ち込むことを条件にすべてのオーナー（保証期間にかかわらず）に拡大された。それ以外の店に持ち込む場合は有料である。

このような決定を、賢く大胆に行えば、より少ないコストでより多くのことを提供するのではなく、**より少ないコストで最も適切なものを顧客に提供する結果になる。**

顧客の視点から考えよう。リソースの配分が不適切なのはどこか？　顧客や企業にとって大きな価値を生まずにコストを削減できるのはどの分野か？　そして、削減した分を再配分すべき、より重要な顧客のニーズは何だろうか？

変革は「チェンジエージェント」を中心に全社的に行う

顧客体験の改善には、戦略や立案を通してすべてのレベルのリーダーを参加させる必要がある。さらに、「最高の顧客体験を届ける」というような大規模な取り組みにおいては、リーダーやマネジャーだけではティッピングポイント（大きな変化が急激に起こり始める時点）に到達することはできない。そのために行われたのが、「メルセデス・ベンツ顧客体験推進プログラム」だ。

顧客体験を改善するプロセスの初期段階で、メルセデス・ベンツUSAのゼネラルマネジャーや販売店は、「推進チーム」のメンバーとなるべき候補者をあげるように言われた。「**チェンジエージェント**」**として変化を引き起こし、プロジェクトを最後まで率いていくことができる、**というのが条件だった。メンバーに選ばれた者は、全社をあげて取り組む優先順位の高い、行動志向のコミュニティの一員になる。

さらに、ほかのメンバーとネットワークをつくるなど、顧客体験を創出するための理論と実践について学ぶ研修に参加する。たとえば、プログラムを開始した年には、改革の行程のマッピングが顧客にいかに影響を与えるかを学んだ。また、自らが所属する部署をメルセデス・ベンツが掲げる目的に結びつけ、目標を達成するための努力がいかにメルセデス・ベンツの車のオーナーや、隣の課やほかの部署、販売会社に影響を及ぼすかを考えるのも、メンバーの役割である。

「推進チーム」のメンバーは、「顧客体験チーム」のサポートを受けながら、月に1回会合し、同社が所有する唯一の販売店であるマンハッタンの店を見学した。

また、ディズニーの経営哲学を学ぶための研修機関であるディズニー・インスティテュートを訪れたり、お客様が期待している以上のサービスを提供することで知られるゼイン・サイクルの創始者兼社長であるクリス・ゼインをはじめとした、一流の顧客体験を提供する企業のリーダーから話を聞いたりもした。ハーツレンタカー、リッツ・カールトンの関係者からも話を聞き、マンハッタンのティファニーでオフサイトミーティングを行ったりもした。

こうした活動から、最先端の企業がいかに製品やサービスを改革し、全社をあげて顧客のニーズに応えるべく取り組んでいるかをより深く学んでいったのだ。

素晴らしい顧客体験を提供する事例を学ぶことに加え、それぞれの部署での取り組みも進めなければならない。「推進チーム」のメンバーは相談し合いながら、メルセデス・ベンツのサービスを強化するプロジェクトを立案し、実行する力となった。

任期は1年。「顧客体験チーム」からコーチングを受けながら、45日間と90日間の強化プロジェクト、それぞれの効果を評価するKPIの設計、顧客体験を推進するチームの12の主な役割の説明などを行った。さらに参加者によるベストプラクティス集もつくられた。これは過去の取り組みを記録するだけでなく、新たに選ばれたメンバーの参考にもなる。顧客体験の改革を先導するために必要な行動が記されているからだ。

それらによって、たとえば次のようなことが達成された。

・販売店が決算報告書を提出するシステムの簡素化

・顧客にとって忘れられない思い出となるために、車のオーナーに愛車と一緒に撮ったデジタル写真をプレゼントするプログラムの開始
・お客様の車が洗車・清掃中であることを示すために、車にぶら下げるアフターサービス用のタグの導入
・新規採用の社員のための振込制度の簡素化

「推進チーム」のメンバーであるジェニファー・ペレスは言う。
「『推進チーム』のメンバーになって、まず意識が変わった。お客様の視点から、わたし自身が個人として、社員としてどのように扱われているかを考え、わたしがほかの人にどう接しているかを以前よりも意識するようになった」

同じくメンバーのスティーブン・キノニスはこう述べている。
「何よりも変わったのは自分自身の考え方だ。企業文化に良い影響を与えたいという気持ちを共有する、さまざまな部署の人々と前向きな姿勢で連携することができた。そのおかげで、会社が変わっていくのをじっくりと見られた」

ベストプラクティス集で、CEOのスティーブ・キャノンはこう記している。

「顧客体験を推進するチームは変革のための要となる。わが社の企業文化をつくり上げ、お客様に喜んでいただける行動をたたえ、わたしたちが仕えるべきお客様のことを思い出させてくれる。新しい社員を迎え、機能横断型のチームを率い、お客様の声をまとめる。お客様により良いサービスを提供するための変革と行動を始める。耳を傾け、みんなを率い、コミュニケーションを図っていく」

メルセデス・ベンツの経営陣が本気で取り組む姿勢を見せたことによって、すべての部署が動いた。**小規模ながらも大きな権限を与えられた「推進チーム」をつくることで、同社は顧客に関する情報を、顧客ニーズを満たすための戦略、計画策定、リソース（人材や予算）ごとに割り当てて活かした。**

また、「推進チーム」は、顧客体験に関する情報を伝えていくなかで、サービスを改善するためのプロジェクトを完成させた。それは販売店を支援し、改革を進めることに一役買った。

あなたの会社はどうだろうか？　顧客に関する情報を経営判断に活かしているだろうか？　顧客を理解するプロセスを通して、戦略策定やリソースの配分を決定しているだろうか？　経営陣のビジョンを中間管理職や現場の従業員が共有しているだろうか？

メルセデス・ベンツＵＳＡの経営陣は、スティーブがＣＥＯに就任後まもなく開いた全米販売店会議で立てた「すべての部署を動かす」という誓いを実行に移した。

だが、メルセデス・ベンツの企業文化を変える改革はまだ始まったばかり。**改革が大きな効果をもたらすには、ブランドの代表となる従業員１人ひとりが、それぞれのタッチポイントで起こる顧客体験を深く理解しなければならない。さらに、１人ひとりがカスタマージャーニーに関する知識を十分に活用して、顧客を満足させるだけでなく、常に喜びを提供することが必要だ。**

次の章では、メルセデス・ベンツのリーダーたちが、カスタマージャーニーの「真実の瞬間」を明らかにするための大きな投資について紹介する。

同社がカスタマージャーニーに対する理解をいかに深め、それをいかにメルセデス・ベンツＵＳＡ、販売店、メルセデス・ベンツ・ファイナンシャルサービスのリーダーやサービス担当者にわかりやすく伝えたかもわかるだろう。つまり、「すべてのタッチポイントを検証し、改善する」という「ザ・スタンダード」（56ページ参照）で語られた約束に対して、同社がいかに挑んだかについて論じる章になる。

それでは、メルセデス・ベンツがマッピングしたカスタマージャーニーを見ていこう。

「最高の顧客体験」を届けるためのキー

◈顧客体験を改革するための約束は明確で、簡潔なものにする

◈「顧客第一主義」を組織全体に浸透させるためのチームをつくる

◈顧客に関する情報を広範囲から集め、一元管理によって誰もが活用できるようにする。顧客のウォンツ、ニーズ、欲求に対応するためのプロフェッショナルを育てる

◈「推進チーム」は、組織内のリーダーが、顧客の悩みやニーズに対処できるように戦略を調整し、プロジェクトを開発し、人材や予算を配分する支援をする

◈顧客が何を望んでいるかを理解している、現場の改革を推進する者、「チェンジエージェント」を各部署で選ぶ

◈改革を推進する者たちが、所属する部署でサービスを改善するためのツールを与え、教育する

Driven to Delight

第4章

すべての「タッチポイント」で最高を目指す

成功のための秘訣が1つあるならば、それは他者の見方を知り、あなたの視点から見るように他者の視点から物事を見ることだ。

ヘンリー・フォード

お客様とのタッチポイントをすべて洗い出す

スティーブ・キャノンは社長兼CEOに就任して早々、販売店に「ザ・スタンダード」（56ページ参照）という誓いを提示して、従業員1人ひとりの顧客体験に対する取り組みを根底から変えるべく約束をした。そこには「**お客様とのすべてのタッチポイントを検証し、改善する**」と述べられていた。だが、言うは易しで、顧客とのタッチポイントは検証するだけでも大変なプロセスを要する。

リーダーたちがいかにタッチポイントを評価したかを探るうえでも、カスタマージャーニーのマッピングについて考えてみよう。顧客体験の設計者であるわたしは、タッチポイントをいかに定義するかを誰もが知っているとつい思いがちである（これまで自著でそれについて記したこともない）。コンサルタントにとっては、そうしたマッピングはとても重要だが、多くのリーダーや経営者はあまり重視せず、活用もしていない。

1980年代半ば、「タッチポイントの評価」という概念を最初に提唱した1人が、当時、バンカース・トラスト銀行プライベート・クライアンツ・グループのシニアバイスプレジデントだったG・リン・ショスタックである。『ハーバード・ビジネス・レビュー』誌に掲載された論文で、リンはカスタマージャーニーのマッピングを、プロセス、障害、時間枠、収益性がすべて1つの資料にまとめられたサービスの設計図《ブループリント》だとしている。

カスタマージャーニーの設計図をつくるために時間や人材、予算を投じるのは重要であり、リンは次のように語っている。

「**思いつきでサービスを開発する時間の無駄と非効率性を排除でき、より高い視点からサービスをマネジメントすることができる。**それを行わなければ、いわばサービスを個人の才能にまかせ、全体ではなく断片的にマネジメントすれば市場のニーズやチャンスに対応できず、企業は危険にさらされる[※1]」

その論文が発表されて以来、カスタマージャーニーの設計という考え方が重要視されるようになった。企業の大半は（おそらくあなたの会社も）顧客のニーズや要望の変化にすばやく対応しつつ、適切に設計された切れ目のないカスタマージャーニーを提供することを望んでいるからだ。

1980年代半ば以降、顧客体験の設計図は進化し、次のようなものを含めるようになった。

- ブランド体験の過程で、顧客がどのような行動をするかについての体系的な理解
- 目的とカスタマージャーニーを通して顧客が経験するニーズ
- 顧客が重視する価値の高いタッチポイント（「真実の瞬間」としばしば呼ばれる）の明確化

・サービスの切れ目、障害、顧客が直面する問題の把握
・顧客満足度の水準と顧客が体験する感情の実体
・それぞれのタッチポイントに関係するプロセス、部署、システムの顕在化
・カスタマージャーニーを強化する機会の明確化

もし、あなたの会社がカスタマージャーニーのマップを作成をしていないのなら、メルセデス・ベンツの用いたプロセスが参考になるかもしれない。企業が直面するであろう障害と、それを克服するための戦略が示されているからだ。カスタマージャーニーのマップをすでに作成済みならば、カスタマージャーニーを企業文化と業務に組み込むための最良の事例として学ぶことができるだろう。

プロジェクトを遂行する人材の選び方

「タッチポイントの設計図をつくる」というCEOのスティーブ・キャノンの約束を実現するために、「戦略と立案」のチームやほかの数名は、タッチポイントやカスタマージャーニーに関する本から知識を得て、カスタマージャーニーを紙の上に描き始めた。

すると、優先順位の高いこのプロジェクトに取り組むには、精力的で多様なメンバーを集めたチームが必要なことがすぐに明らかになった。そこで社内外から、成果をもたらすために必要な資質を有する人材が選ばれた。

このことに関して、「顧客体験チーム」のゼネラルマネジャーであるハリー・ハイネカンプは次のように述べている。

「**目的のために人を選ぶということを意識した。**たとえば、チームの責任者には、チームの多様化と積極的な活動を可能にするために、若い『Y世代（1980年代から2000年代初頭に生まれた世代。ミレニアルズとも）』の社員を選んだ。彼らは販売店に対するインターネット上の社会的評判を管理するサポートをしていたので、お客様や販売店や現場の従業員の体験に、実世界でも、デジタル上でも、うまく取り組むことができたからだ。カスタマージャーニーのマッピングの専門家は必要ないと考えた。それよりも、創造性に富み、未知のものにも躊躇《ちゅうちょ》せず、忍耐力と逆境を乗り越える力を有する人材を求めたのだ」

選ばれたメンバーの1人で、カスタマージャーニーのマッピングをまかされたティルデン・ドゥエルは直面した課題の大きさについて、こう話している。

「新しい部署には、ほぼ未知数の人材として参加した。外部から参加した人は少なかった。すぐに顧客体験の戦略全体を支える柱として、カスタマージャーニーのマップをつくる重要性と緊急性を感じたんだ。お客様が車を買ったり、修理をしたりするときの経験を正しくマップに反映したいとも思った。まず、社内で話を聞くと同時に、自らが大規模な販売店で販売したときの体験も活かした。大まかな草案を何度も修正して、日々の戦略決定に使えるような、生きた、効果的なリソースをつくり上げることができたよ」

メルセデス・ベンツの経営陣は、マッピングのスキルの有無だけで人材を選ぶのではなく、この任務を遂行するのに必要なスキルとリーダーとしての資質を兼ね備える者を中心にチームをつくった。マッピングの専門家には、必要なときに助言を求めることができるからだ。ここから学べるのは、**プロジェクトの完遂に求められる資質を理解し、それに見合う人材を選ぶことの重要性である。**技術的なスキルだけでは成功は保証されない。

専門知識や〝完璧な〟専門家が社内にいないときでも、リーダーには行動を起こすことが求められる。また、目的の達成のために、いつ人材や予算を投入すべきかが重要なことが同社の取り組みからわかるだろう。

カスタマージャーニーのマップを作成する

カスタマージャーニーのマッピングを作成するチームは、立ち上げ後すぐに、歴史のある企業が直面しがちな問題にぶち当たった。それは新しい進路を決めることだ。ザッポスなどの新興企業や起業家が興した事業であれば、創業の前にカスタマージャーニーのマップをつくることもできるかもしれない。だが、メルセデス・ベンツのような老舗の企業が、顧客のライフサイクルのすべての局面を含めたカスタマージャーニーのマップ、いわば**販売前、販売時、販売後のアフターサービスを一連のものとしてとらえる**には、進む方向を修正する必要がある。

同社がつくったことのあるカスタマージャーニーのマップは、各部署それぞれの視点によるものだった。販売部門のリーダーたちは、顧客が購入時に何を求めるかを自らの立場から考えたものをつくった。アフターサービスのチームのリーダーたちは、車の修理時に顧客が必要だと感じることに配慮した。だが、「評価とインサイト」のチームは、総合的で最適な視点を持つ必要があった。そのために、カスタマージャーニーを自ら体験しようとフォーカスグループを立ち上げ、車のオーナーとともに販売店を訪れた。

その後、調査、フォーカスグループ、顧客とともに体験したカスタマージャーニーなどのさまざまなデータから得た情報やフィードバックが「顧客体験の作戦司令室」と名づけた会議室に集められた。「作戦司令室」の壁に大きな茶色い紙を貼り、そこにチームのメンバーやほかの従業員が付箋に書いたメモを貼った。

これは入念に考えられたプロセスに従って行われた。まず、マーケティング、販売、アフターサービス、物流などさまざまな部門のリーダーたちの力を借りて、顧客の考えやニーズをリストにして紙に貼った。顧客のニーズを明らかにした後は、そのニーズを満たすために顧客がどのような体験をするかがリスト化された。

また、それぞれの局面における顧客とのやりとりなどを、顧客の視点からさらに深く追求した。常に顧客の立場から考えることで、顧客のニーズをより適切に満たす方法（たとえば、手続きを簡素化するなど）や、顧客に喜びを感じていただける手法（顧客の期待を予想し、それを上回る対応だけでなく、大切にされていることを顧客に実感してもらうなど）を突き止めることで、タッチポイントを改善しようとしたのだ。

基本的には、マッピングを作成するチームのメンバーは、**車を買おうと考え始めた顧客の立場になり、購入からアフターサービスまでのカスタマージャーニーを顧客の視点でまとめたのである。**

「どんな車を買うべきか」という問いに対する顧客の答えが、購入までの6カ月間にどう変わるかを探り、その答えがマップの各段階に追加された。最初の段階では、多くのメーカーのさまざまな車種が選択肢となる。顧客はそのうちのいくつかを候補にし、さらにそれを絞り、最終的に1台を選ぶ。

マッピングによってわかったのは、購入前の顧客には、多くのタッチポイントがあることだった。たとえば、顧客はさまざまな広告、雑誌記事、文字情報、さらにマーケティング・イベントなどを通してブランドを知る。また、友人や家族から情報を得たり、インターネットで検索をしたり、自動車メーカーのウェブサイトを訪れたりもする。

検討の段階に移ると、第三者が調べたサイトや、取り扱っている車種を掲載した販売店のサイトを見たりする。購入の意向を固める段階では、支払いの選択肢を調べたり、地域の販売店を特定したりするだろう。インターネットや電話で見積もりをする人もいるかもしれない。

購入が近くなると、カスタマージャーニーのマッピングは販売のプロセスが中心となる。顧客の問いは「ほしい車をいかに手に入れるか」だ。この段階では、短期間（およそ1週間）のうちに次の3つの局面が現れる。

1　どの店で買うかを決める
2　いかに支払うかを決める
3　購入する

長期間（およそ36カ月）のアフターサービスの段階では、顧客は「購入した車を最大限に活用するにはどうしたらいいか」「次もメルセデス・ベンツの車を買うべきか」という2つの問いについて考える。また、製品を知る、維持する、修理する、持ち主としての体験を振り返るという局面がある。

販売前と同じように、販売後のすべてのタッチポイントで、「カスタマージャーニーの真実の瞬間」「顧客が不満を感じるところ」「業務プロセスの評価」など、顧客のニーズに対応すべき部署などのほかに、それぞれの段階で、顧客が何を考え、どう感じ、何を優先するかを明確にしていった。

こうした基礎的な作業を終えた後、「顧客体験チーム」のリーダーはグローバルなブランドマーケティングにすぐれ、デジタルパフォーマンス・メディア企業としても知られるレイザーフィッシュ社に協力を依頼した。同社は、作戦司令室の茶色い紙の上に作成されたカスタマージャーニーのマップに磨きをかけて、デジタル化したのだ。デジタル化することで、配布が容易になり、購入前から購入後までのカスタマージャーニーの全行程をＰＣの画面に表示することができるようになった。

あなたの会社にもカスタマージャーニーを、紙あるいはデジタル上で、ひと目で見ることができるツールがあるだろう？

ツールは単純化され、明確化されたものでなければ使えない

デジタルのカスタマージャーニーのマップを作成したメルセデス・ベンツは、果たしてこれをうまく活用できたのだろうか。映画『フィールド・オブ・ドリームス』では、主人公は

「それをつくれば彼が来る」という不思議なささやき声を聞いた（そして野球場をつくった）。が、メルセデス・ベンツのリーダーたちは顧客体験の詳細なマップをつくって社内のイントラネットに掲載するだけでは、魔法のように顧客体験が改善したり、顧客第一主義の企業文化へと移行したりしないことをわかっていた。しかも、デジタルマップの作成は、すべてのタッチポイントを「定義する」という約束の最初の段階を実現しただけである。まず、マップを理解しやすいものにし、それを実際に理解してもらわなければならなかった。

リーダーたちは何カ月も顧客の立場になって取り組んだが、できあがったカスタマージャーニーのマップは強みでもあり、弱みでもあった。それに関して、「顧客体験チーム」のゼネラルマネジャーを務めるハリー・ハイネカンプは次のように述べている。

「誤解しないでほしいが、マップはよくできていた。だが、すぐに社内では使えないことがわかった。経営学の博士号を持った顧客体験の設計者を喜ばせるようなマップができても、メルセデス・ベンツ・ファイナンシャルサービスや部品物流チームや現場のスタッフ、販売店にとっては、あまり意味がなかった。マップは正しく、詳細なものだったが、情報量が多過ぎたのだ。軍事用語で言えば、補給線が伸びきってしまっていた。従業員全員が顧客の視点を理解できるようにするには、マップを簡略化しなければならなかったんだ」

多くのリーダーは、一見すると洗練されたフローチャートやマップ、ツールを作成することで部下を盲進させたりしがちだ。だが、メルセデス・ベンツのリーダーたちはタッチポイントのツールを使う従業員を顧客と同じように考え、従業員が理解し、顧客体験を改善できるよう、マップをもっとわかりやすくすることにした。

リーダーたちは、引き続き詳細なカスタマージャーニーのマップをさまざまな戦略に使ったものの、「顧客体験チーム」は2012年の終わりにカスタマージャーニーの最重要点を選び出すことにした。また、マップをわかりやすい言葉に変えるために、顧客戦略の大半を策定した（第3章）、顧客サービス担当副社長であるガレス・ジョイスに協力を求めた。

2012年の終わりに顔を合わせたガレスの部門とカスタマージャーニーのマップの作成チームの連携がさらに緊急性を帯びたのは、2013年3月にニューオーリンズで、全米部品サービスマネジャー会議が予定されていたからだ。

2年に1度開かれるこのイベントには、メルセデス・ベンツUSAや販売店から部品調達や修理を担当するおよそ1000人のリーダーが出席する。2013年のテーマは「顧客体験」だった。会議を成功させるには、使いやすいカスタマージャーニーのマップが不可欠である。

「顧客体験」を視覚化する

カスタマージャーニーのマップに取り組むメンバーがデジタル化されたマップをいかに簡素

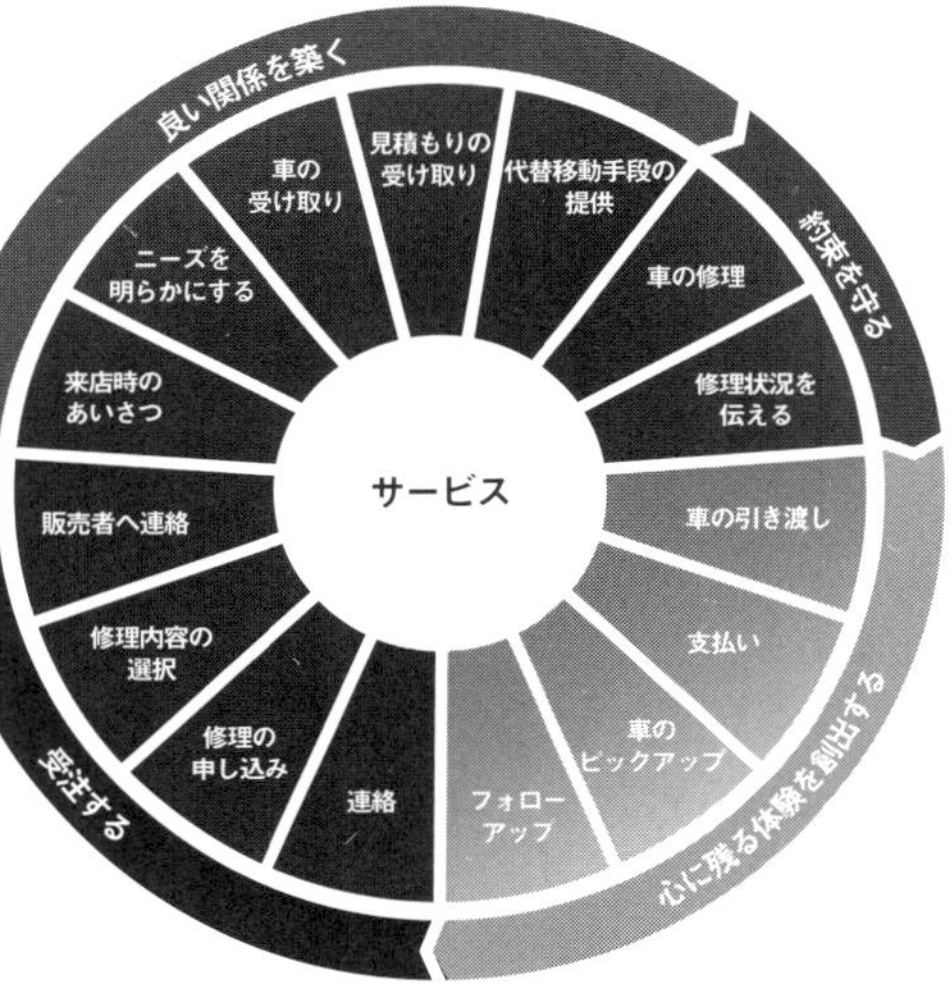

図4-1　顧客体験を示す車輪

化するかを検討する一方で、顧客サービス担当副社長のガレス・ジョイスはホワイトボードに円を描き、アフターサービスのカスタマージャーニーを、円を4分割して表現した。その図について、ガレスは次のように説明する。

「ホワイトボードのところに立って、アフターサービスを必要とするお客様がどんなことを感じるかを考えた。まず、お客様はどこに修理を依頼するかを考える。それから、自分の選択が正しかったことを願いながら、どこかの販売店へ行く。その後、完璧な対応を期待し、車の修理を引き受けてもらうだけでなく、自分たちも心に残るようなやり方で大切にされたことを感じて店を出たいと望むはずだ」

ガレスの創造的なひらめきを微調整した

のが、図4－1（95ページ）の顧客体験を示す車輪である。それぞれの領域におけるやりとりで、顧客が本質的に必要としているものを特定し、アフターサービスの4つの領域を最適な言葉で示している。

車輪は「受注する（赤）」「良い関係を築く（青）」「約束を守る（緑）」「心に残る体験を創出する（黄）」に色分けされて仕上げられた。（www.driventodelight.com/journeywheels 参照）それぞれの段階で起こる主要なタッチポイントも記されている。

この車輪によって、顧客の立場からのカスタマージャーニーが視覚的に表された。また、わかりやすい言葉を使っているため、メルセデス・ベンツや販売店の従業員が、アフターサービスの4つの重要な局面で成功するには、どのような行動やプロセスが必要かがすぐに理解できる。つまり、**顧客と良好な関係を築くにはどうすれば良いかを、従業員の1人ひとりがしっかりと理解できるのだ。**たとえば、来店した顧客がどう出迎えてほしいと思っているか、いかに必要なものを迅速に、きちんと査定してもらいたいか、正確で納得できる見積もりをしてほしいか、日常生活を不便なくしたいか（サービスラウンジでＷｉ－Ｆｉを使用する、代車を借りる、目的地に送ってもらうなど）がわかるのである。

顧客体験の車輪のわかりやすさと使いやすさは、メルセデス・ベンツＵＳＡ本社でも評価された。2013年3月に行われた全米部品サービスマネジャー会議で大成功を収めたことがその証拠だ。会議全体もサービスの車輪で色分けされた4つのセクターを中心に行われた。

部品管理部長を務めるカイマーク・ラムホーストは次のように語っている。

「メルセデンス・ベンツ・スーパードームの展示会場の床に車輪を設置し、カスタマージャーニーを話題の中心にした。こうした会議ではたいてい業務報告や戦略上の目的が話し合われるものだが、全米部品サービスマネジャー会議は、わたしたちの事業をいかにとらえるか、お客様との出会いをどう理解するかを根本的に変えるものになった。会議の初めから、参加者をカスタマージャーニーに引き込み、カスタマージャーニーを販売店によるアフターサービスの収益に関連づけた。会議は大成功し、参加者に大きな衝撃を与えた」

車輪の図は、ほかにも重要な役割を果たした。**コミュニケーションとツールの開発に「顧客中心」の手法を取り入れるという、気づきの瞬間をつくり出したのである。**メルセデス・ベンツのすべての関係者が力を合わせ、計画を立て、行動するには、コミュニケーションやツールはシンプルなものでなければならない。ツールを使う人が行動を起こせるような刺激的なものでなければならなかった。

顧客体験を示す車輪が高評だったため、販売前と販売時のカスタマージャーニーのマップも車輪の形に変換された。たとえば、販売時のカスタマージャーニーのマップの原案には、顧客の考え、変化の段階、相互に結びついたタッチポイント、矢印、循環するプロセスが、ビジネスチャンスとともに記されていた。だが、販売前の車輪の図（図4-2、99ページ）では、カスタマージャーニーを「認知（赤）」「検討（青）」「意図（黄色）」の3つの段階に分類している。また、各段階における重要なタッチポイントも示された。

顧客の立場で考えたら、見えてくること

販売前の車輪（図4－2）は、顧客が商品を調べ、購入を決めるまでの動きを示している。販売担当者は重要な局面でこれを見て、見込み客が何を望んでいて、必要としているかを理解し、それに応えることに集中できるわけだ。デジタルマーケティング&CRM（カスタマー・リレーションシップ・マネジメント）部門の責任者であるマーク・アイクマンは、次のように述べている。

「販売前を示す車輪は、販売のプロセスと同時に、マーケティングによってお客様が販売店を訪れるまでのプロセスも示している。また、車輪は口コミによるマーケティングやわたしたちが最高の顧客体験を届けられているかどうかを、あらためて考えるきっかけにもなった」

自動車メーカーもほかの製造業者と同じように、顧客の変化を理解し、それに応じて販売前のツールを設計し直すべきだとマークは言う。

「自動車を購入するプロセスには、大きな変化が2つ起こっている。まず、デジタルプラットフォームの役割だ。2006年にはお客様は平均4・3軒の販売店を訪れてから購入を決めて

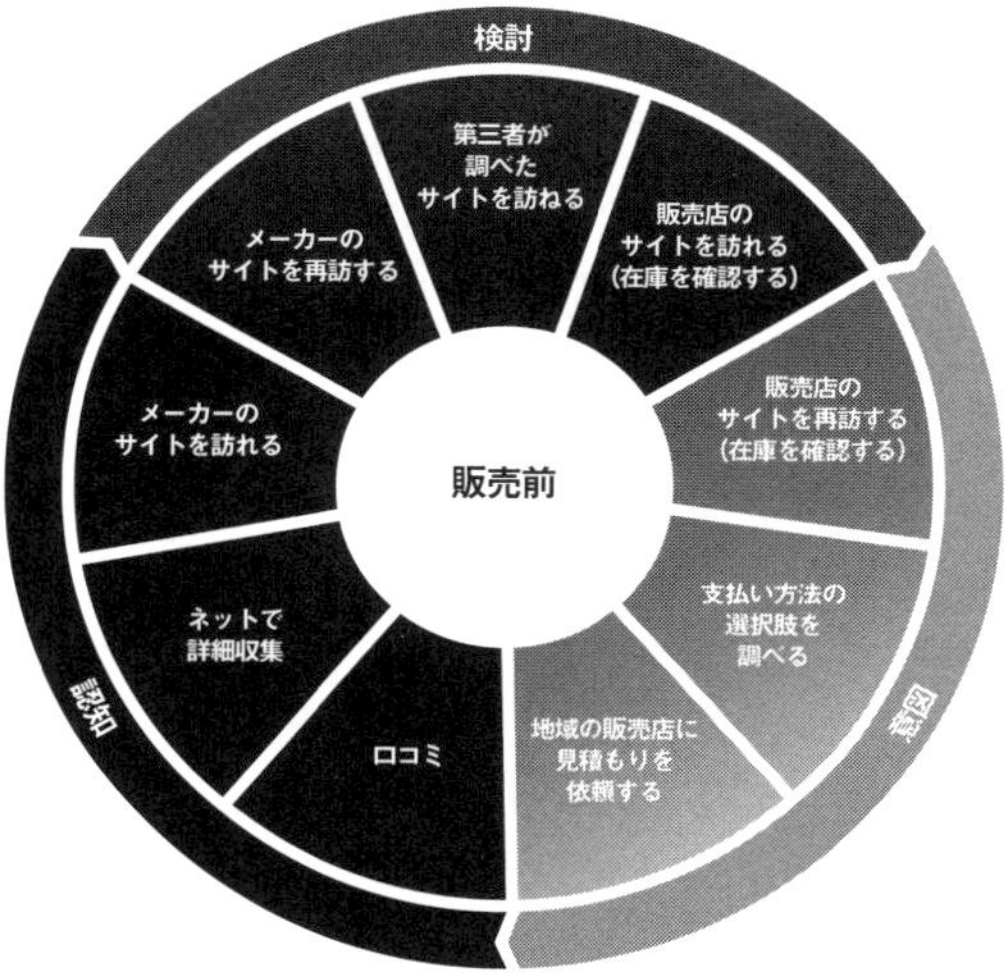

図4-2　販売前を示す車輪

いるが、それが10年には1・3件になっている。つまり、**お客様は製品を見にショールームへ行ったり、販売担当者に渡されたカタログを家に持ち帰ってどんな車を買おうかと考えたりしているわけではないということだ。ネットで調べて、ほぼ買うつもりになって店に来るんだ。**また、そうした購入体験の多くはデスクトップのPCではなく、モバイル機器を通して起こる。車は購入前に入念に検討される製品だから、製品情報や技術面での特徴を知ってもらわなければならない。カスタマージャーニーの車輪のオンラインとモバイルに関連する部分を見て、最適な購買体験を提供する必要がある」

　顧客が販売店を訪れるとき、当初のカスタマージャーニーのマップでは購買前の局

図4-3　販売時の車輪

面で23の「フィードバックループ（フィードバックを繰り返すことによって、結果が増幅されること）」があることが特定された。

だが、販売時の車輪（図4－3）では、それを「記憶に残る第一印象をつくる（青）」「お客様のニーズを大切にする（赤）」「安心感を与える（緑）」「忘れられない体験を創出する（黄）」の4つにまとめている。それぞれの局面で2つか3つのタッチポイントがある。

3つの車輪を完成させたことによって、「顧客体験チーム」はカスタマージャーニーにおけるすべてのタッチポイントを明らかにすることができた。メルセデス・ベンツのリーダーたちが約束を大切にしたことを示すとともに（それによって組織内に信頼を確立する）、車輪とカスタマージャーニーのマップが完成したことで、誰もが顧客の立場から、販売前からアフターサービスまでのカスタマージャーニーを理解できるようになった。

さらに車輪の図は、ほかの関係者にも紹介された。こうしたツールによって、カスタマージャーニー全体のタッチポイントを改善し、素晴らしい顧客体験を提供するために掘り下げていくことが可能になった。

紙と鉛筆で書いたものでも、業者がつくったデジタル版のものでも、簡略化した車輪の図であっても、顧客の立場でカスタマージャーニーを視覚化することで、チームのメンバーも顧客の立場で考えることができる。自分たちが提供しているサービスが、顧客とのあいだで行われている大きなやりとりの一部であることも示せるだろう。

サービスを改善するだけでなく、カスタマージャーニー全体をスムーズなものにするためのアイデアが生まれるかもしれない。何よりも重要なのは、**顧客を大切にすることで新しいプロセスや仕事の流れができることだ。**

だが、メルセデス・ベンツの顧客サービスの車輪が、作成するために投資した時間に見合う成果をあげるには、車輪にもとづいた研修を行い、組織全体が顧客のニーズに対する共感を高めるようにしなければならない。さらに、顧客が「体験したことをどう感じるか」を、いつ、どのようにヒアリングすればいいかも車輪によって明確にし、集めたフィードバックを顧客中心の行動へと転換する必要がある。たとえば、こんな質問をするといい。

・メルセデス・ベンツとの出会いはどうだったか？
・店舗に着いたとき、店員はどのように出迎えたか？
・店舗に入ったとき、従業員はお客様が必要としているものを正確に効率的に把握できたか？

後の章では、お客様の声を正しく聞くためのツールを開発するにあたって、顧客のフィードバックをすぐに集め、それに対応するスキルを高めたことについて記す。メルセデス・ベンツが求めた評価ツールの開発には、販売店のリーダーたちの全面的な協力が必要だった。販売店は集められた顧客のフィードバックによって、評価されることになるからである。

第5章では、販売店向けの重要なツールがいかに開発されたかを見ていこう。

「最高の顧客体験」を届けるためのキー

◈カスタマージャーニーの設計図やマップを、時間と労力をかけて作成する。そうすることで「サービスを無秩序に開発する時間と非効率性」を排除することができる

◈お客様の視点で、カスタマージャーニーを分析する。各局面で、お客様が解決しようとする疑問、問題、必要性は何だろうか？

◈カスタマージャーニーにおいて、お客様が「何を考え」「何を感じ」「何をするか」を考える。価値の高い瞬間やお客様が不満を感じるところ、お客様に喜びを体験していただく機会を定義する

◈カスタマージャーニーのマップをシンプルにする。組織の誰もが簡単に理解でき、活用できるよう概念を視覚化する

◈顧客体験を図式化しただけで満足しない。マッピングの目的は、お客様への共感を強化するための企業文化の改革であり、お客様のニーズを理解するためのフレームワークと、お客様の体験を改善するためのツールを提供することである

◈カスタマージャーニーのマップはあなたが提供する体験のクオリティについて、お客様に尋ねるツールにもなる。マッピングのプロセスで明らかになった重要な局面やタッチポイントでお客様がどんな体験をしているかをヒアリングしてみよう

◈カスタマージャーニーのマップは、研修で1度使ったら終わりというものではない。サービスと体験の提供について、ディスカッションし続けることもカスタマージャーニーに含めるべきである

Driven to Delight

第5章
顧客の声は「最強の変革ツール」になる

測定可能なものは測定せよ。測定できないものは測定できるようにせよ。

ガリレオ・ガリレイ

顧客は「なぜ」買おうと思ったのか？

改革にあたって、行動指針の誓いをまとめた「ザ・スタンダード」（56ページ参照）の約束の1つは「販売店のすべての従業員が研修を受けること」だった。効果がある研修というのが大前提となる。そのために、メルセデス・ベンツのリーダーたちは、まず顧客のフィードバックを効率的かつ継続的に受け取る方法が必要だと考えた。そうやって生まれた適切なツールを活用することで、顧客のニーズをいかに満足させているかが評価できるようになり、さらに適切な対応ができるようになるからだ。

だが、顧客の声を聞くのは簡単ではない。多くの企業が十分な情報を得ていなかったり、不適切なタイミングで質問をしたりしている。また、あまりに頻繁に細かい質問をして顧客をうんざりさせている場合もある。いずれも、顧客のためになっているかどうかさえわからない。

顧客の声を聞くには、まず第4章で記したようなカスタマージャーニーのマップをつくることから始めるべきだろう。次に、本章で説明するように、**顧客の気持ちの変化を敏感に測ることが可能なツールをつくることだ。**それによって、個々の顧客のニーズに対応しつつ、顧客体験を効果的に改善できる。

メルセデス・ベンツの「顧客体験チーム」内のグループの1つは、会議室でさまざまな形式の顧客体験マップとカスタマージャーニーの車輪に囲まれて作業をしていた。別のグループはどのような質問で顧客の声を評価できるかを検討した。

けれども、製品中心のほかのメーカーと同じように、顧客の声を聞くのはメルセデス・ベンツのコアコンピタンスではなかった。「最高の顧客体験を届ける」と経営陣が決意する以前は、販売代理店は、販売後あるいはサービス提供の2日後に「顧客満足度プログラム（CSP）」の調査票を提出することを求められていた。

調査票の質問は、顧客の声を分析することによって、販売店が顧客の抱える問題を解決できるように設計されていた。調査票に回答した顧客には、約3週間後に簡単な追跡調査が行われる。これは「メルセデス・ベンツ・ロイヤルカスタマー度指標（MBLI）」として、顧客が購入あるいはサービス体験に満足しているかどうか、ふたたびその販売店で買いたいか、あるいは知り合いを紹介してくれるか、などがすぐに評価される。

最初の調査票に答えてもらえなかった顧客には、MBLIの追跡調査ではなく、より長い質問票が用意されている。質問票は基本的にはJ・D・パワー社の調査票を模したものだが、どれも比較や追跡、顧客体験の改善に活用できるものではなかった。

また、パイドパイパー社による調査や「全米顧客満足度指数」、第三者機関が独立して行っていた調査は、メルセデス・ベンツ全体にとっては有用だが、販売店が顧客体験を改善することにはあまり役に立っていなかった。調査結果もたいがいはまちまちで、全体的な顧客体験を評価する遅行指標に過ぎない。

たとえば、「顧客体験チーム」がカスタマージャーニーのマップの作成に取り組んでいた2012年、パイドパイパー社は「見込み客満足度指数（PSI）」でメルセデス・ベンツを1位と評価した。PSIは覆面調査員によるデータと販売が成功したかどうかを結びつける。[※1]また、全業種を同じ手法で評価する「全米顧客満足度指数」では、自動車部門で7位とされた。[※2]ほかの高級品メーカーと比較するJ・D・パワー社の調査ではサービスで7位、[※3]セールス体験で6位[※4]と評価された。だが、こうした評価は、ある一時点のことを示しているに過ぎず、販売店が次に店舗を訪れる顧客に素晴らしい体験を提供する際の参考にはならない。

J・D・パワー社が行った調査の1つでは、「セールス満足度指数」と「顧客サービス指数」が焦点となっている。「セールス満足度指数」は新車の購入プロセスを顧客の視点から評価する。販売店が販売の各プロセスをどのように実践したかを示し、新車の購入客の満足度（バイヤースコア）、ある販売店やメーカーを検討したものの別の店やメーカーで購入した客の満足度（リジェクタースコア）が評価される。「セールス満足度指数」から得られるのは次のような情報だ。

・なぜその販売店を訪れ、そこで買うのか
・買うモデルを決める要素
・その販売店で買わない理由
・購入プロセスに顧客がかける時間
・購入に販売員やほかの従業員が及ぼす影響
・納車時にどのように引き渡されたか
・顧客が次もその販売店で買おうとするか、その販売店をほかの人に紹介しようとするか

「顧客サービス指数」は、購入後3年以内に修理やメンテナンスを販売店に依頼した顧客の満足度を評価する。評価では次のような体験が測られる。

・サービスの開始時（入庫のタイミング、入庫予約の簡便さと柔軟性）
・サービスのアドバイス（礼儀正しさ、十分な説明、対応）
・設備（待つ場所は快適か、駐車は簡単か、出入りは容易か、アメニティの用意、清潔さ）
・修理後の引き渡し（引き渡しにかかった時間、引き渡す際の利便性、料金設定）
・サービスの質（仕上がり、作業期間、サービス後の車の状態）

「セールス満足度指数」や「顧客サービス指数」からは、多くの学びもある。とくに役立つのは、(統計的に必ずしも有意ではないとしても)**順位づけによって高級品市場あるいは自動車業界内のライバル企業と比較できることだ。**

さらに、セールスとサービス体験で1位になった企業には、J・D・パワー賞が贈られる。受賞すれば、顧客対応の良さが認められたことになり、見込み客に向けた宣伝にもなる。そのため、J・D・パワー賞とその順位は、本質的に顧客体験が評価されたという重要な指標になる。

ただし、J・D・パワー社の調査はたしかに重要なデータを提供しているが、ほかの第三者機関の調査と同じように、顧客体験の一瞬を切り取ったものに過ぎない。たとえば、10月から12月に送った調査票に応じたおよそ3700人のメルセデス・ベンツのオーナーの回答をもとに、1年間のサービスが評価されている。同様に、「セールス満足度指数」の調査票も4月と5月に一部の販売店でサービスを受けた人にしか送られていないため、大きな店で15人から20人、小さな店ではわずかしか回答を得られない。だが、実際に大きな販売店では、年間5000台超の新車が購入されているのだ。

また、メーカーや販売店は調査時期(とその影響力)の重要性を知っているので、期間中の成績が上がるように販売のプロセスを変えることもある。また、その期間に販売する車の装備を変更することもできるだろう。そうした調整によって、J・D・パワー社の調査期間中は、通常とは異なる売れ方をしたり、サービスが提供されたりする可能性もあるのだ。

加えて、紙の調査票は記入に手間がかかるため、回収率も低い。また、データの回収から報告までの期間が長いので、タイミングの良い対応にはつなげられない。「顧客サービス指数」の場合、たとえば２０１１年12月にサービスを受けた顧客のところに２０１２年10月に調査票が送られ、報告書ができあがるのが２０１３年３月ということもある。なんと15カ月遅れである。同様に、「セールス満足度指数」は４月か５月に収集したデータが、11月に報告される。

つまり、**第三者の機関が収集したデータは重要ではあるが、自分の企業がどのような体験を提供しているかを正確に把握するには、カスタマージャーニーや主要な業績指標に合わせた独自の追跡ツールをつくる必要がある**、ということだ。

追跡ツールでは、カスタマージャーニーの主要な瞬間における顧客の満足度を測る。多くは、顧客とのやりとり（たとえば、まず、顧客が店にやって来たときにどう挨拶するか）についてだが、最終的には顧客が企業を好ましく思う瞬間と、再購入をするか、紹介をしてくれるかといったことの理解にも役立てられる。

メルセデス・ベンツの「顧客体験チーム」は、リアルタイムの情報を集めるツールを独自につくろうとした。そこで、販売とサービスのカスタマージャーニーの車輪に示された主要なタッチポイントにおける顧客の満足度を評価するツールとプロセスを検討した。

また、販売店がそれぞれの顧客の問題に対応し、ＣＥＯであるスティーブ・キャノンが「ザ・

スタンダード」（56ページ参照）で述べた改善につながるよう、顧客の情報を整備する必要があった。さらに、うまくいけば、新しい評価基準やプロセスによって、結果としてJ・D・パワー社のような第三者機関による評価も改善するだろう。

「顧客の声」を定量的、定性的に集める

顧客調査に関して、早い段階で、経験のある企業の力を借りることに決まった。そこで、ほかの業界のすぐれた企業と比較できるように、自動車業界以外でも顧客体験管理（CEM）の実績がある企業を探した。

2012年8月、プレゼン形式によって選ばれたのがメダリア社だ。同社はアップル、ナイキ、フィデリティ、ベライゾン、フォーシーズンズなどに顧客体験の管理サービスを提供した実績があるソフトウェア企業である。調査の実行、管理、情報への対応のための総合的ソリューションを開発している。

メルセデス・ベンツが必要としているは、単なる調査ツールではない。それなら、インターネット上にコストの低いものもある。それ以上のもの、つまり、調査結果を集め、そのデータを効率的に顧客体験管理のシステムで活用し、個々の顧客に対応でき、プロセスを効果的に改

善できるものが求められた。

２０１２年10月にメダリア社を選んだ「顧客体験チーム」は、わずか4カ月後の２０１３年２月から開発予定のツールを使うことに決めた。

本書を通してわかるように、メルセデス・ベンツの**リーダーたちは、従業員**の**プレッシャーにならない程度の厳しい日程を意図的に設定することで、切迫感をつくり出している。**改革を進めるエネルギーにもなるこのスキルの重要性は、見逃すことができない。作曲家レナード・バーンスタインもこう言っている。

「偉業を成し遂げるには、２つのことが必要だ。計画と十分過ぎない時間である」

「顧客体験チーム」はツールを計画通りに完成させた。顧客サービス担当副社長を務めるガレス・ジョイスは、２０１３年3月の部品サービスマネジャー会議に向けて、顧客体験を車輪の形に簡略化してマッピングするチームをサポートした。その一方で、「顧客体験チーム」はメダリア社とともに顧客体験を管理する手法を開発した。それが「顧客体験プログラム」と、販売時と修理時の接客サービスを評価する「顧客体験指数（ＣＥＩ）」だ。

「顧客体験指数」を評価するために、顧客への質問でカスタマージャーニーの車輪に示されている領域について調査をする。たとえば、「顧客体験指数」は、サービスの車輪で特定された各段階における満足度が累積されている。とくに販売店のサービス部門が、「受注する」「良い関係を築く」「約束を守る」「心に残る体験を創出する」ことが効果的にできたかどうかを測ることができる。

メダリア社のスタッフは「顧客体験チーム」とともに、どんな質問をするか、顧客の回答にどのようにウエイトを置くかを決めた。全体的な評価をサービスの車輪の各段階やタッチポイントに結びつけたのである。

家族経営のクリーニング店であろうと、中小企業であろうと、グローバルな大企業であろうと、**顧客の声を効果的に集めるには、カスタマージャーニーを隅なく理解すること、重要なタッチポイントにおける相対的な影響力を評価すること、顧客のフィードバックを常にとらえて記録することが重要になる。**

◉受注する

修理店を選ぶ

- 店の出入りのしやすさ（3・2％）
- 駐車のしやすさ（3・2％）
- 店の清潔さ（3・36％）
- 待合室（6・24％）

予約する

・予約の手続きが簡単（7・26％）

・日程をうまく調整してくれる（5・72％）

◉**出だしでつまずかない**

ニーズの特定

・サービスアドバイザーが親切で丁寧（7・91％）

手続き

・入庫のプロセス（9・02％）

◉**約束を守る**

修理

・要求に注意を払い、きちんと応える（3・42％）

・丁寧なメンテナンスと修理（12・18％）

修理状況の把握

・見積もり期間内に修理を終える（8・7％）

◉心に残る体験を創出する

引き渡し前

・作業事項を丁寧に説明する（6・67％）

・料金の妥当性（4・2％）

引き渡し

・引き渡しのプロセス（5・55％）

・従業員が親切（5・25％）

・車の状態（8・12％）

メルセデス・ベンツは「顧客体験指数」をつくるための質問に加えて、既存のサービス基準を満たしているかどうかを測る質問も用意した。

・サービスアドバイザーが最初に声をかけるまでの時間（目標——2分以内）は？
・代替の交通手段を提供されるまでの時間（目標——5分以内）は？
・サービスアドバイザーから修理状況の説明はあったか？
・定められた作業は1度で終わったか？
・作業後、実際にどんな作業をしたかを説明されたか？
・作業後、料金に関する説明はされたか？
・引き渡しにかかった時間（目標——6分以内）は？
・戻ってきた車は入庫時よりもきれいになっていたか？
・修理完了後、電話やメールで連絡があったか？

各顧客の最高点が1000点である、全顧客の平均点を販売店やメルセデス・ベンツの関係者がモバイル機器で確認できるようになっている。

「顧客体験指数」はJ・D・パワー社の「顧客サービス指数」と比較が可能である。ツールは異なるが、評価対象となるカスタマージャーニーの局面が共通するからだ。メルセデス・ベンツの「顧客体験指数」のツールが集めたデータを見れば、J・D・パワー社の「顧客サービス指数」の結果がおおよそわかる。結果はカスタマージャーニーの各段階とタッチポイントに照らし合わせて、またタッチポイントの評価に含まれる各項目に照らし合わせて検証される。

さらに、販売店ごとに、また販売店における特定の部門や個人についても分析が可能だ。たとえば、全体的な「顧客体験指数」、契約獲得の相対的強み、見積り通りに仕事を終える能力などを他店と比較できる。「修理状況を伝える」などの面で、サービスアドバイザー同士を比べることもできる。

その後、次のような、自由形式の回答による定性データも加わった。

カールは素晴らしい担当者です。わたしのニーズを最優先にして、代車を準備してくれていたので、15分で店を出ることができました。

ジェフはプロ意識が高いです。彼がわたしの担当でありがたいと思っています。今後の修理の参考にと、各項目の費用を示した価格表をくれたのも助かります。ゲストルームではゆったりとできました。ヴァージニアビーチ店が今後も素晴らしいサービスを提供してくれることを望んでいます。

引き渡しのときの体験が素晴らしかったです。事前に電話をして買いたいものを伝えておいたら、準備して待っていてくれたんです。それを受け取って、すぐに店を出られました。

販売店に車を停めたら、すぐにサービスアドバイザーがやって来て、修理について話をして、「質問はございますか？」と聞いてくれて助かりました。

顧客体験の調査を改善するための良いきっかけとなるコメントもある。

この調査の問題は、使わないサービスについてもすべて回答しなければならないことです。たとえば、わたしは車を置いてすぐに店を出てしまうため、待合室やＷｉ‐Ｆｉを使わないので評価のしようがありません。改善されることを望みます。

「顧客の評価」を数値化する

「顧客体験指数」も顧客体験の車輪に示された段階や主要なタッチポイントにもとづいてつくられた。たとえば、「引き渡し」のセクションの「心に残る体験を創出する」では、「車の特徴がわかりやすく説明されたか？」「引き渡しにどれくらい時間がかかったか？」「サービス部門に関する説明や紹介があったか？」「引き渡しのプロセスでiＰａｄやタブレットが使われたか？」などの質問をする。それをカスタマージャーニーのすべての部分で行うのである。

「顧客体験チーム」のゼネラルマネジャーであるハリー・ハイネカンプは、評価ツールについて次のように述べている。

「主な目的はリアルタイムで顧客体験を改善するための評価ツールをつくることだったが、Ｊ・Ｄ・パワー社や『全米顧客満足度指数』、パイドパイパー社などの顧客体験に関する評価でナンバーワンになりたいとも思った。そのため、同じような質問を社内の『顧客体験指数』を評価するツールにも盛り込んだ」

自社による「顧客体験指数」がつくられ、メルセデス・ベンツＵＳＡと販売店に技術的なインフラができあがると、顧客調査のプロセスも定まり、最終的に新車購入の15日後、修理の10日後に顧客の回答を求めることになった。

調査票を送るまでに時間を空けたのは、顧客のニーズに応えていない問題が残っているとしたら、それを解決する十分な時間を販売店に与えるためだ。また、顧客に「決められた作業が1度できちんと終わったか」といった質問に正確に答えてもらうためでもある。以前の「顧客満足度プログラム」では修理した48時間後に調査票を送ったために顧客がまだ車を走らせておらず、質問に正確に答えられない可能性があった。そのほかに、販売店はだいたい48時間以内に顧客と直接連絡をとる。これには次の３つの重要な役割がある。

1　顧客が店を利用してくれたことに感謝を伝え、フォローアップと配慮を示す
2　未解決で緊急のニーズがないかを知る
3　メルセデス・ベンツから「顧客体験指数」の調査票が送られることを伝える

メルセデス・ベンツが採用した顧客関係の管理戦略の中心になるのは、販売店、メルセデス・ベンツ、顧客とのやりとりの記録を販売店が入手しやすくすることである。顧客への対応が必要になると販売店に通知が送られ、顧客が必要なサービスを確実に受けられるよう、ほかの部署に問題の処理を頼むこともできる。

顧客関係のツールを構築する段階で、「評価とインサイト」のチームの責任者を務めたマイケル・ドハティはこう述べている。

「早期のフォローアップによって、わたしたちが見逃したことがないかを知りたがっていることをお客様に伝えることができる。もし、こちらからの連絡がほしいことがわかれば、『販売か修理の者に電話をさせましょうか？　いつがよろしいですか？　どうぞ状況を説明してください』と伝える。その答えを顧客関係の管理ツールに入力して、統合する。マネジャーたちに通知が送られ、連絡を希望する人がいることを伝えられる。通知は、タイムリーで適切な対応がとれるようにダッシュボードにも表示されるんだ」

一緒にツールを開発したメダリア社は、同社のケーススタディにこう記している。

「メルセデス・ベンツはすぐに使える手法を必要とする一方で、独自の販売店モデルをつくり、マッピングすることができる柔軟性も求めていた。さらに、自動車業界特有の要求に創造的に対応するための手法やチームも望んでいた。販売店が顧客の体験を管理し、すぐに顧客に連絡できるように専用のダッシュボードによって重要な情報を適切に伝えた。モバイル機器を使って、販売店はすぐに顧客の情報にアクセスできる。パソコンの前に座る暇なく動いている販売店のスタッフには不可欠なものだ。当社は、メルセデス・ベンツとともに問題にすぐ取り組むことができるためのツールを開発した」

そして、メダリア社の副社長を務めるスティーブ・イヤウェーカーも、メルセデス・ベンツの「顧客体験プログラム」の効果を同じく語っていた。


ほかの自動車メーカーの代表者が、顧客からのフィードバック用ツールの開発にメダリア社の採用を検討するために、メルセデス・ベンツUSAのCEOのスティーブ・キャノンのもとを訪れたことがあった。スティーブは、その自動車メーカーの代表がメダリア社の製品に詳しいことに驚き、どこで知ったのかを尋ねた。

すると、友人がメルセデス・ベンツの車のオーナーで、彼の家を訪れたとき、ちょうどメルセデス・ベンツの販売店から届いたメールを見たことがわかった。メールには、その日に終わった修理に対する満足度を尋ねる質問が含まれていた。後部座席のシートベルトに問題があったので、友人は「満足していない」を選んだ。自動車メーカーの代表は、スティーブにこう言った。「すると、10分もしないうちに、メルセデス・ベンツのサービスマネジャーから電話があり、いまから家に行ってシートベルトを修理してもいいでしょうかと尋ねられたそうだ。そのとき、いったいどうなっているんだろう、と思った。なぜ、そんな対応ができるのだろうか、と。うちでも販売店の従業員や店長、本社のサービス部長が、お客様のフィードバックにそんなふうに誠実に、迅速に、適切に対応できたら、メルセデス・ベンツのような変革ができるのではないかと思ったのだ」

あなたの会社もこのような顧客体験を提供しているだろうか？　あなたの顧客は、夕食に訪れた友人にあなたの会社のことをどのように話しているだろうか？

販売あるいは修理後、同じ要望がいくつもある場合は、それに関するトレーニングが必要だということだ。たとえば、ある販売店のお客様の多くから「ナビゲーション・システムの使い方について教えてほしい」と言われれば、車の引き渡し時に問題があることになる。そこで、引き渡しに関する研修を販売員が受けて、車を走らせ始めた瞬間にあまり混乱しないで済むよう、車を買った顧客にナビゲーション・システムの使い方を教えられるようにするのである。

2014年、全米販売店会議でCEOのスティーブは、顧客の声を集めて学ぶスキルを強化したことについて触れ、「顧客体験指数」のツールによって「使用開始以来、修理後の60万人のお客様、販売後の20万人のお客様からフィードバックをいただいた」と語った。60万人の顧客から集めたタイムリーな反応は、同時期にJ・D・パワー社の「顧客サービス指数」調査が集めた3700人のデータよりも、業務的に重要性が高い。同様に、メルセデス・ベンツの「顧客体験指数」は定期的に、大量のデータを集めることができ、プロセスの変更や従業員の研修に役立つ。

その一方で、メルセデス・ベンツのリーダーたちは、**顧客体験の改善とは、フィードバック用のツールが示す数字を良くすることではないとも理解している。**顧客体験の分野でトップに立つ企業になるには、こうした評価を行動のための尺度や手段として使わなければならない。**良い数字が出たからといって、顧客を理解したことにはならないのだ。データは分析し、活用しなければ価値がない。**「知識は力」とよく言われるが、顧客に関する情報の価値は、それをもとにどんな行動を起こすかによって決まる。

次章以降では、「ザ・スタンダード」（56ページ参照）の最後の約束を守るために、メルセデス・ベンツが販売店にさらにどのようなツールと研修を提供したかを見ていく。

「最高の顧客体験」を届けるためのキー

◈顧客体験の改善に取り組む前に、基準となる顧客体験を測る

◈顧客体験に関する第三者のデータは見識を与えてくれるが、日々の顧客体験を創出する役には立ちにくい

◈評価の管理は、顧客体験の管理とは異なる。外部の強力なパートナーを選べば、お客様の声を集め、報告し、追跡して、カスタマージャーニーの特定の部分を評価するツールを容易にカスタマイズできる

◈お客様の声を測るには、評価の各要素の重要性によってウエイトを置くことが重要である

◈従業員のプレッシャーにならない程度に、日程をうまく設定して、顧客体験の改善を進める。「偉業を成し遂げるには、計画と十分過ぎない時間の2つが必要だ」というレナード・バーンスタインの言葉を思い出そう

◈強力な顧客管理システムによって、お客様からのフィードバックを大量に集めることができる

（定性データ、定量データとも）。データもわかりやすく、マクロレベルでプロセスを改善し、ミクロレベルで個々の顧客のニーズに対応するために活用できる

◈データの収集は、お客様の声を聞くことだけが目的ではない。お客様に焦点を当てた「アカウンタビリティ（説明責任）」を果たす行動ができるようになるためである

Driven to Delight

第6章
顧客の期待を超える「チームづくり」

「チームワーク」とは、共通のビジョンに向かって、ともに働くことができる力であり、個々の仕事を組織の目標に合致させることができる力である。それは、平凡な人たちが非凡な成果を達成することを可能にする原動力となる。

アンドリュー・カーネギー

Delivering World-Class Customer Experience the Mercedes-Benz Way

人は「自分事」としてとらえたとき、初めて責任を持って動く

さて、カスタマージャーニーを細部まで明確にして、お客様に接する従業員1人ひとりにとって理解しやすいモデルができた。また、顧客の声を行動につなげるための「ナレッジ（組織にとって有益な知識・経験・事例・ノウハウなど付加価値のある情報）」に変えたり、顧客体験を改善したりできるシステムも構築した。

それでは、こうしたツールを現場にいる人々はどう活用すればいいのだろうか。さらに重要なのは、従業員1人ひとりに、カスタマージャーニーのマップにおける体験や顧客の評価に対して責任を持たせるにはどうしたらいいだろうか、ということだ。

一流の顧客体験を提供するつもりなら、組織の1人ひとりが顧客のニーズを満たし、さらにそれを超えるサービスを提供すべきことを理解し、責任を持ってそれを実践しなければならない。

メルセデス・ベンツでは、販売店に「顧客体験の車輪」と「顧客体験の評価」のツールを実際に導入する前に、確認していることがある。それは販売店の店長が顧客体験の改善に責任を持って取り組むことだ。そのために、すぐれた顧客体験（顧客体験で高評価を得られるような）が

販売者の収益に確実につながるようにした。

雇用契約でも、フランチャイズの契約でも、販売店のビジネスモデルでも、**パフォーマンスを評価するシステムの導入に賛同してもらうには、評価項目を利益に関連づけることが重要だ。また、評価される人々自身が高評価を得るために努力ができるかどうか、業績が報酬に適切に反映されるかも決め手になる。**

雇用主は、従業員の賛同がなくても採用したり、解雇したり、業績を評価したりすることはできる。だが、それでは、従業員は雇用主の優先事項を実現するために最大限の努力をしようとは思えないだろう。

メルセデス・ベンツのような販売店モデルでは、本社の経営陣は販売店の従業員をコントロールすることはできない。販売店の店長（さらには従業員）に何を求めるかについては法的な合意が必要である。また、報奨のシステムを変更するときは、販売店の代表たち（メルセデス・ベンツ販売店代表者委員会）と交渉しなければならない。顧客体験の評価と業績についての交渉のプロセスを理解するために、メルセデス・ベンツが販売店とどのような契約を結んだかを見てみよう。

「1つのチーム」として、同じ方向に進むための仕組みづくり

2010年以来、メルセデス・ベンツの経営陣は2つの取り組みを進めてきた。1つは、第1章で述べたように「オートハウス・プログラム」によって**販売店の環境を改善すること**。もう1つは、「ザ・スタンダード」(56ページ参照)としてまとめられた**一流の顧客体験を提供すること**だ。どちらの場合も、改革を進めるために販売店と金銭的な条件交渉が行われた。

メルセデス・ベンツが実際にどのような契約を交わしたかに触れる前に、この種の交渉にまつわる難しさについて考えたい。代理店契約でも、フランチャイズ契約でも、消費者から得た収益に依存する企業形態が2つある。それはフランチャイズ本部とフランチャイズ加盟店だ。

どちらも消費者を「自分の顧客」として見る。すると疑問が起こる。顧客はブランドと地域の販売店とのどちらに結びついているのか。さらに、顧客から得た収益を両者のあいだでいかに分配するか。メルセデス・ベンツUSAと販売店の交渉では、報酬に関する契約がうまくいったことで販売店の顧客体験の改善を推し進めた。

ただし、述べておきたいのは、販売店との交渉は常に順調なわけでも、一直線のプロセスなわけでもないということだ(3歩進んで2歩下がり、また進むものである)。加えて、メルセデス・

ベンツUSAの親会社であるダイムラーAGとも合意を得なければならない。変化は誰にとっても大変なことだ。「**変える**」**ということは、何かがうまくいっていないことを暗に示している。**それに金銭がからむと、関係者すべてを建設的に前進させることも、対立を解消させることも、消極的な抵抗をやわらげることも難しくなる。本書で紹介する変革のなかでも、販売店への報酬に直接影響するものは抵抗に遭った。経営陣も従業員も不満を抱き、取り組みの方向性が問われ、会議は荒れる。だが、**有能なリーダーたちが説得力のあるビジョンを示し、ウィン・ウィンとなる解決策をつくり出して、相手の気持ちを賛同へと傾ければ、交渉はうまくいく。**メルセデス・ベンツUSAと販売店の場合もそうだった。

2012年、メルセデス・ベンツは販売店に対して、車の販売手数料の相当な部分を顧客対応や顧客体験の評価に結びつけたいと伝えた。このことについて、戦略的小売開発のゼネラルマネジャーであるナイルズ・バーローは次のように述べている。

「最初に通知したのは2007年の秋で、『オートハウス』のコンセプトを計画しているときだった。歴史的に、販売店は契約によって一定の広さの敷地を有し、決められた看板を掲げることになっている一方で、建物の外観や、内装などはそれぞれの販売店にまかせていた。お客様にとって魅力的なものではなく、販売店の好みによるものも少なくなかった。そのせいで、南西部のプエブロ集落の建物のようなものから、時代遅れのショールームのようなもの、記念建築物のようなものまでいろいろあった。フランチャイズという観点からは、無秩序といえるほどだ。お客様にとって、目印といえば、スリーポインテッド・スター（メルセデス・ベンツのエンブレム）のついた鉄塔だけだったのだ」

「オートハウス・プログラム」は、気の遠くなるような難事に思えた。目的はアメリカ国内のすべての販売店を建て直すか、改築するかして、空間、流れ、感覚、機能、設備デザイン、看板などを統一することだった。費用は10億ドル以上。設計や建築に何年もかかり、そのあいだも販売店には車の販売や修理を続けてもらわなければならない。

メルセデス・ベンツの経営陣が提示した枠組みでは、2008年を準備期間とし、2009年から2010年のあいだに実現することとされた。また、「販売店の業績報酬」つまり販売手数料を得るには「オートハウス」の標準に準拠することや、ほかの営業上の優先事項を満たすよう、要求が含まれた。ナイルズは言う。

「発生主義による報酬を含む『オートハウス』の改革によって、標準に準拠した販売店には、2008年から2010年のあいだに販売1台につき400ドルを支払う。また、投資に応じた車の割り当てや、改築後の店舗での売上増を実現するためのサポートもする。2008年から2010年の報酬システムによって、販売店は新しい標準や要求に応えることに注力した。報酬システムのなかに求める要件を組み込んだおかげで、販売店も本社の現場担当者も経営陣も今後3年間、何に集中すべきかがはっきりした。新しい店舗づくり、スキルアップ、既存のビジネスを活かした新市場参入に、一致協力して取り組むことができた」

業績報酬のシステムでは、どの販売店も最高限度額の手数料を得ることは可能だったが、これまでとはまったく異なる方法で詳細にわたるチェックが行われた。手数料を得るために、何を達成すべきかがわかるような「得点表《スコアカード》」も用意された。わかりやすく透明化された画期的な手法である。

この取り組みは大きな成果をあげ、景気後退時にもかかわらず、販売店とメルセデス・ベンツUSAの総計で16億ドルが設備改善のために投資された。ニューカントリー・モーターカー・グループの店長であり、当時メルセデス・ベンツ販売店代表者委員を務めたマイケル・カンタヌチは次のように述べている。

「業績報酬は効果的だった。『オートハウス』に投資した販売店をサポートするという、考え抜かれた戦略だ。メルセデス・ベンツが『オートハウス・プログラム』への投資と販売手数料とを効果的に結びつけたからだ」

このシステムは、すぐれた結果を出した店舗に報いたために、販売店のあいだでも満足度が高かった。

ナイルズは、この報酬制度が顧客体験を改善する取り組みとしても、成果があったことを次のように指摘している。

「販売店とは3年間を基本に交渉した。そうすれば、計画や実行に十分な時間ができる。販売店も給与制度などを変えなければならないので、突然、変更してしまえば、影響があまりに大きい。『オートハウス』関係の報酬がうまくいったので、2011年に向けて新しい報酬体系の交渉をして、2013年には施行予定だった。だが、2012年1月にスティーブ・キャノンがCEOに就任したとき、販売店代表者委員会と協力して、2012年は販売手数料を再交渉し、顧客体験の改善、とくにメダリア社の支援によって開発した『顧客体験プログラム』のツールと販売店の従業員調査の結果に連動させるようにするというビジョンを示した。その報酬体系は2013年から2015年に適用された（販売店の従業員のエンゲージメントについては、第7章でさらに詳しく見ていく）」

詳細は避けるが、販売店の報酬の一部は固定のもの（販売店の業績に左右されない）と、販売店の代表者委員会とメルセデス・ベンツUSAとが合意した評価基準で決まる変動のものがある。2013年から2015年の契約では、顧客体験を強化するために固定の手数料のうちの30パーセントが変動に変わった。

「顧客体験チーム」のゼネラルマネジャーであるハリー・ハイネカンプは、次のように説明する。

「2012年を通して、メルセデス・ベンツUSAと販売店代表者委員会とのあいだに多くの会議が持たれた。その結果、2013年1月から新しい手数料の体系が始まった。契約では、手数料の多くが顧客体験の改善、そのための研修、最新のテクノロジーとお客様のケアの尺度の導入などに結びつけられた」

交渉において、スティーブと経営陣は、顧客体験を改善するためのビジョンを示すだけでなく、大胆な提案をした。報酬の多くの部分を変動制にするかわりに、「リーダーシップ・ボーナス」を与えたのである。

メルセデス・ベンツ販売店代表者委員のマイケルは次のように説明している。

「販売店として、顧客体験に注力しなければいけないことは受け入れたが、改革を後押しするには固定の報酬を得られないというリスクにさらされた。どこかの販売店の四半期の評価が悪ければ、変動制手数料の何パーセントかが支払われなかった。支払われなかった分は、留保される。ナイルズの提案で、スティーブがドイツのダイムラーAG本社とかけ合い、すぐれた顧客体験を提供した販売店にボーナスとして支払うことができるようにした。ボーナスは何千万ドルになり、ダイムラーAGにとっても、メルセデス・ベンツUSAにとっても大きな額だ」

マイケルはさらに続ける。

「固定の報酬は安心感をくれる。それをやめて変動制にすることには販売店として心配もあったが、ボーナスという提案は評判が良かった。お客様のためにいっそう頑張る理由ができるし、その結果『リーダーシップ・ボーナス』をいただけるのだから」

雇用者、組合、リーダーたち、販売店など相手が誰であろうと、説得力あるビジョン、公正な評価、より大きな善のために歩み寄る気持ちがあれば、交渉は必ず成功する。このことをナイルズは次のように説明する。

「優秀な販売店の代表者委員会を十分に活用した。〝一緒につくる〟という言葉を何度も用いて、業績と報酬の枠組みを実際に一緒につくった。**重要なのは、ビジョン、開示性、透明性だ。**販売店にとって重要なのは報酬であり車の販売は二の次、メルセデス・ベンツUSAにとってはまず車を売ることが重要で報酬はその後に来るものだというのを理解する必要があった。ささいなことに思えるかもしれないが、販売店の利益が間違いなく鍵になるので、それを考慮した報酬体系を設計しなければならなかった」

「リーダーシップ・ボーナス」は四半期ごとに算出される。各販売店を「顧客体験指数」にもとづいてスタック・ランキングし、上位70パーセントでボーダーラインを引く。ラインより上の販売店（「オートハウス」への改築を行い、ブランド基準とすぐれた顧客体験提供という条件を満たした）には、「リーダーシップ・ボーナス」が支給される。

２０１４年4月15日、上位70パーセントの販売店に「リーダーシップ・ボーナス」が４４００万ドル支給された。スティーブは次のように説明する。

「お客様に配慮しない販売店と利益を共有する必要はないと考えている。素晴らしいのは、顧客体験の質や一貫性が改善され、それがどの規模の販売店でも続いていることだ。報酬体系のおかげで、販売店もそこに注力をしている」

顧客第一主義の実現には、お客様からのフィードバックを販売店の従業員の報酬に結びつけることが重要になる。お客様が従業員の報酬の一部を決めるというのは不安でもあるが、お客様の声や選択によって持続的な成果がもたらされるというのは、世の中で広く受け入れられつつある。

たとえば、報酬の一部が患者の満足度によって決まる「価値にもとづく医療」でも、レストランで渡されるチップでも、顧客体験は利益を大きく左右する。スティーブをはじめとするメルセデス・ベンツの経営陣のように、こうした報酬体系を取り入れている企業のリーダーも増えている。あなたの会社はどうだろうか？

両輪となる「販売」と「サービス」のベストプラクティス

第3章では、「顧客体験チーム」内の「評価とインサイト」のチームが担当する役割については触れていなかった。彼らは「顧客体験プログラム」の販売とサービス調査プラットフォームの立ち上げ、「顧客体験指数」を評価するツールによる継続的な研修、配置、実行、ルール、ポリシーを担当している。販売店のスコアボードを監督するのに加え、「顧客体験指数」の評価をＫＰＩと連動させてもいる。

たとえば、当時、部品物流のゼネラルマネジャーを務めたトーマス・ホーラは、在庫の回転率を見て、部品の在庫管理が効率的に行われている販売店は、「顧客体験プログラム」による評価も高いことに気づいた。そこで、販売店とともに在庫管理の改善策を検討し、返品条件の変更、在庫と正納率にもとづいた業績評価を策定し、新しい販売店在庫管理システムを提案した。

その結果、顧客からのフィードバックを集めたデータを在庫管理に活用することで、プロセスの変更、重要な業務評価を測定する基準を策定して、「顧客体験プログラム」のツールを改善することにつなげた。**正しい顧客に、正しい部品を、正しいタイミングで届けることで、顧客体験を向上させたのである。**

「評価とインサイト」のチームのメンバーは、さらに自社の「顧客体験指数」を、ひいてはＪ・Ｄ・パワー社の「セールス満足度指数」と「顧客サービス指数」の評価向上に役立つベストプラクティスを集めたガイドを作成した。

「アフターサービス・プログラム」担当のプロダクトマネジャーであるエレン・ブラーフは、次のように述べている。

「かつては販売店には『顧客体験を改善する必要があります』と言うだけで、それがどういうことか、どうやって実現すればいいかは説明していなかった。いまはデータから、『顧客体験指数』の評価を改善するためのベストプラクティスを知ることができるようになった。お客様が来店して2分以内に挨拶をすれば、『顧客体験指数』やJ・D・パワー社の評価が130ポイント上がることがわかった。顧客体験を少し、ときには大きく変えることが、お客様のためにも、販売店が得る報酬にとっても大きな意味がある」

販売とサービスのベストプラクティスを集めたガイドは、カスタマージャーニーにおけるタッチポイントについても詳しく説明している。このガイドとカスタマージャーニーの車輪から、自社の「顧客体験指数」とJ・D・パワー社の「セールス満足度指数」が密接につながっているのがわかる。

「ベストプラクティス6」は、カスタマージャーニーの「安心感をつくる」の段階で紹介されている。安心感をつくる重要なタッチポイント、主に「車の価格交渉」についてである。「15分以内に価格交渉を終えよう」というのがテーマだ。次のような情報が提供されている。

「2013年のJ・D・パワー社の『セールス満足度指数』では、価格交渉が30分以上になると、15分以内のときと比べてお客様の満足度が75ポイント下がる」

それをグラフ化したものも掲載されている（次ページ、図6－1）。

さらに、「価格を交渉する時間」に関する問題（時間を大切にすることなど）などについても触れ、

図6-1　交渉時間による顧客満足度の変化

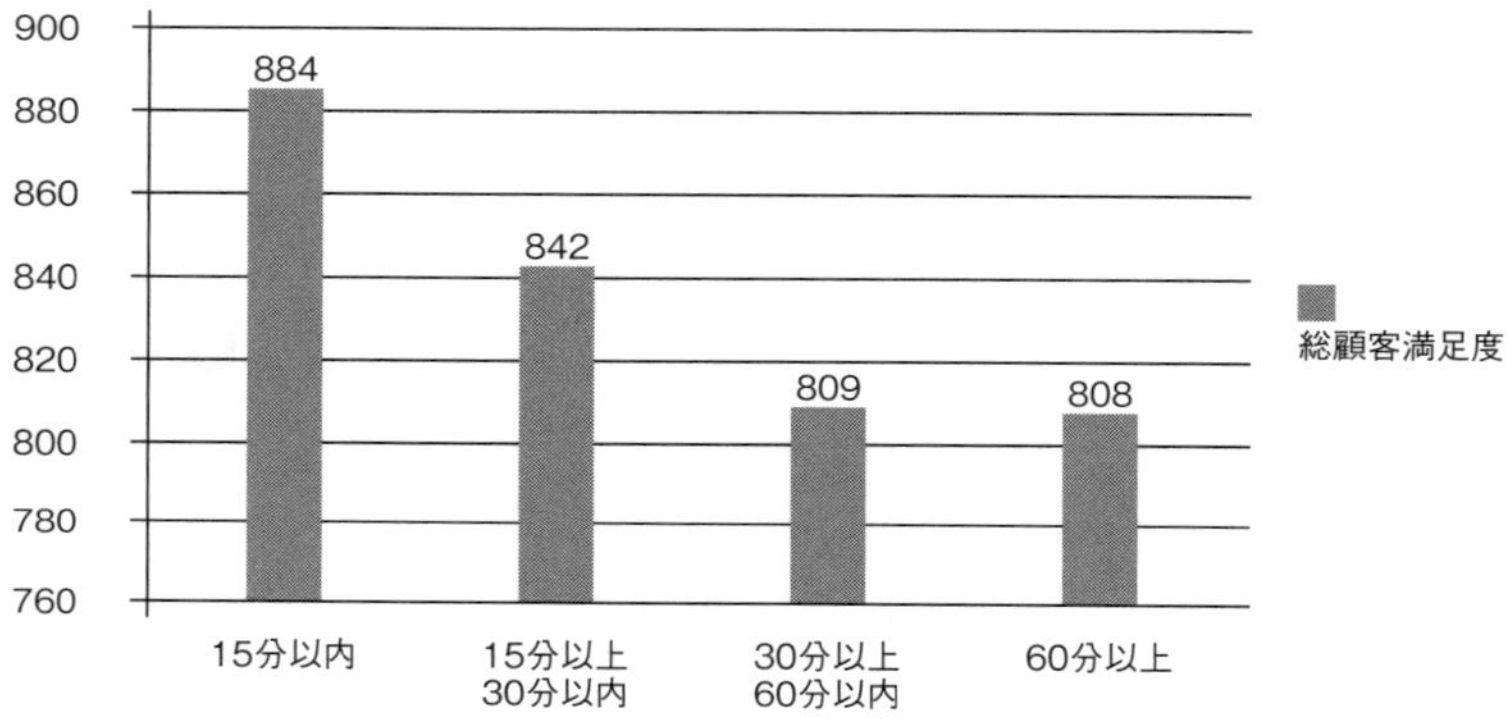

そうした問題に関する顧客の反応が、「顧客体験指数」に6・93パーセントの影響を与えることも示唆している。つまり、**15分以内に価格の交渉を終えることができれば、顧客を喜ばせ、「顧客体験指数」の評価が上がり、販売店の成績を向上させて、「リーダーシップ・ボーナス」を受け取れる**ということだ。さらに、J・D・パワー社をはじめとする調査の指数を押し上げることにもつながるだろう。

こうしたツールに加えて、2013年は、370超の販売店のうち120店に対してコンサルティングが行われた。当初は、本社の従業員が無料で行っていたが、そのプログラムがさらに進化した。「アフターサービス・プログラム」担当のプロダクトマネジャーであるエレンは、次のように説明する。

「J・D・パワー社と契約を結び、『リーダーシップ・ボーナス』を受け取れず、『顧客体験指数』で十分な評価を得られない店舗をフォローすることにした。サービスのコストを販売店に負担させるようになったにもかかわらず、『リーダーシップ・ボーナス』を獲得できるよう成績を向上させるサポートをしていないことに気づいたからだ」

顧客ごとにニーズや期待は異なる

ここまで紹介してきた顧客体験を改善するための取り組みは、消費者へ車を販売するB2C（企業・消費者間）のビジネスモデルによるものだが、同じ手法がB2B（企業間）の顧客にも用いられた。

メルセデス・ベンツUSAの親会社ダイムラーAGにとっては、商用車の重要性が高まっている。『フォーブス』誌によると、2014年のダイムラーAGの純利益の9パーセントは商用車によるものだ。[※1] 2015年に、アメリカで販売された商用車はスプリンターのみであるが、商用車の売上はドイツに次いで多い。2014年のアメリカ国内の売上は前年比20パーセント増のおよそ2万6000台。2016年には5万台の売上が見込まれている。

売上の大きな伸びは、経済状況が中小企業のオーナーに有利なこと、また新型商用車メトリスが発売されたことによると思われる。サウスカロライナ州のスプリンターの生産工場に5億

ドルを投資したことを考えると、ダイムラーAGが本腰を入れているのがわかる。※2

ダイムラー・バンズUSAのマネージングディレクターを務めるバーンハード・グレーザーは、次のように述べている。

「B2Bの顧客が顧客体験の対象とされることはあまりない。だが、わたしたちは、改革を始めた当初から、B2Bの顧客も、わたしたちの車を買っていただくお客様と同じように大切だと考えていた。スプリンターでもSクラスでも、最高の車を売っている。メルセデス・ベンツというブランドを販売しているのだから」

メルセデス・ベンツの商用車の顧客層はさまざまだ。半分は中小企業のオーナーで（たとえば、配管工がスプリンターに特殊な棚を設置して使う）、半分はペプシコ、フェデックスなどの大口顧客である。「規模にかかわらず、企業の顧客には、高級車の買い手とは異なるニーズがある」とバーンハードは言う。さらにこうも。

「スプリンターのような商用車の買い手は、販売店のラウンジでコーヒーが飲めるかどうかといったことは重視しない。喜んではくれるだろうが、そうした時間がない場合が多い。『時は金なり』である。修理工場を出なければ、車で仕事ができないのだ。そのため、B2Bの顧客には、異なる顧客体験を提供することになる。たとえば、時間外でも修理に柔軟に対応するといったこともそう。バンで夜通し移動して、20時にオイル交換が必要になったお客様が、22時には工場を出られるように対応していることもそう」

ニーズは異なるとしても、どの顧客にも一貫してすぐれた体験を提供するのは同じだ。さらにバーンハードは続ける。

「個人のお客様と同じように、商用車もすべて販売店経由で販売される。販売店のうち、およそ200店が商用車専門だ。フォード・トランジット、シボレー、3000店の販売店を持つGMなどと比べれば、わたしたちは商用車市場ではまだ小さな存在である」

ただし、スプリンターはすぐれた品質、安全性、コスト面で他社製品に勝るとも劣らない。顧客体験については、こんなふうに考えているとバーンは言う。

「お客様の声を聞き、商用車のお客様のニーズや期待に応えているかどうかで、販売店の報酬の一部が決められる。ブランドの基準を満たし、顧客体験で評価が高くなければ、報酬の一部を受け取れない。個人のお客様の場合と同じだ」

B2Bの顧客であっても、一般のユーザーであっても、みんなお客様である。誰もがそれぞれのニーズに応えてほしいと思い、そのニーズをあなたのブランドを代表する人が最高の形で満たしてくれることを期待しているのだ。

ここまでメルセデス・ベンツUSAの販売店の手数料の枠組みとB2CやB2Bの顧客のために販売店を支援するツールの一部を紹介した。顧客の声を公正な業績評価システムに取り入れる必要性を理解いただけただろうか。

最後に、「最高の顧客体験」を届けるためのキーを記して本章の終わりとするが、「ザ・スタンダード」（56ページ参照）に関連したまとめとして、10項目からなるチェックリストを紹介する。あなたの会社のカスタマージャーニーを把握するために使ってほしい。

「ザ・スタンダード」のチェックリスト

1 顧客中心の明確なビジョンを定義したか？
2 今後の行程をマッピングすることにより、言葉や図表によってそのビジョンを関係者に広く伝えたか？
3 目標に到達するためのプロセスを、いくつかの段階に分けて明確な約束にしたか？
4 組織内にも、経営陣のあいだにも「目的に向かうための企業文化をつくる」という、約束をしたか？
5 企業とお客様とのすべての重要なタッチポイントを評価したか？
6 カスタマージャーニーのマップを誰もがわかる言葉で言い換えたか？
7 従業員はカスタマージャーニーに関する研修を受けたか？

8　お客様の声をタイムリーかつ適切な対応を評価するツールと「顧客体験管理」のシステムを開発したか？

9　業績への期待とお客様の声によって評価される「報奨システム」をつくったか？

10　業績目標を達成し、さらに上回るためにすぐれた顧客体験を提供し続けるためのベストプラクティス・ガイドを作成したか？

「最高の顧客体験」を届けるためのキー

◈「最高の顧客体験」は、お客様の期待を超えるサービスを提供することを組織の1人ひとりが担っていることを認識し、その責任を果たしてこそ届く

◈業績評価システムを開発する際は、評価項目が企業のために有益であることを伝え、評価対象となる人々がより良い結果を出せるようにするべきである。また、要求された業績の達成に対する報奨は公正でなければならない

◈業績に連動した報酬に関する交渉は容易ではなく、対立を生んだり、変化に対する不安を引き起こしたり、特別な努力や忍耐を要したりする

◈連携のためには、説得力あるビジョンを率直に、わかりやすく伝え、すべての関係者にとってメリットとなる機会を通して信頼関係を確立する

◈報奨を顧客満足度やエンゲージメントなどの重要な要素と結びつけたら、目標に向かって一貫性のある行動を導くために、実例を集めたベストプラクティス・ガイドをつくるべきである

第7章
最高の顧客体験は「最高のスタッフ」が届ける

大切なのは、人を信じることだ。善人で、頭が良くて、ツールを与えれば、それを使って素晴らしい仕事をすると信じることだ。だが、ツールを信仰するべきではない。ツールはただのツールに過ぎない。

スティーブ・ジョブズ

「人」「プロセス」「企業文化」「情熱」は改革の必要条件

ここまでメルセデス・ベンツUSAが顧客第一主義への変革を起こすためのツールに投資してきたことを紹介した。だが、CEOのスティーブは当初から、**新しいツールの価値は、それを使う人によって決まること**を理解していた。

さらに、メルセデス・ベンツの従業員と販売店のスタッフの両方に「最高の顧客体験を届けたい」という強い気持ちがなければ、どんなツールを用いても変革を起こせないこともわかっていた。2012年の就任後初の全米販売店会議で、スティーブは次のように述べた。

「『最高でなければ意味がない』という気持ちですべてのお客様に接するには、人、プロセス、企業文化、情熱が必要だ。**素晴らしい商品の裏には、素晴らしい人々がいる**」

本章では、顧客第一主義への改革を始めた当初の3つの基本的な手法について見ていく。こうした取り組みの狙いは、メルセデス・ベンツの従業員や販売店のスタッフの心をつかみ、スタッフが自ら動くようになることだった。そのために、メルセデス・ベンツというブランドとの気持ちのつながりを強化し、従業員のエンゲージメントを最大化し、世界一流の顧客体験を提供する企業をベンチマークとして設定したのである。

ロイヤルカスタマーは、従業員の「ブランド愛」から生まれる

やる気のない、無愛想な従業員からサービスを受けた経験はあるだろうか。レストランのスタッフが料理についてまともな説明ができなかったのは、その料理を食べたことがなかったせいかもしれない。あるいは、従業員が雇用主に対する嫌悪感を隠そうとしなかったせいかもしれない。

わたしは、ザッポス、スターバックス、リッツ・カールトンなどについての本を著したとき、**従業員が能力を発揮する企業は、競争優位に立つこと**を確認している。つまり、こうした企業のリーダーたちは、従業員を動機づけ、刺激し、製品と従業員を引きつけるための体験を創出しようと熱心に取り組んでいるのである。

従業員が自社の製品やサービスに対して熱く語れば、企業全体が刺激を受ける。さらにリーダーたちが顧客に素晴らしい体験を提供することの意義を語るのを聞き、その言葉通りに行動するのを見て、従業員や提携企業は顧客対応にいっそう注力する。その結果、顧客はブランドに対して、気持ちのつながりを見出し、ロイヤルカスタマーになる。

すぐれた顧客体験で知られるブランドのリーダーたちは、愛社精神と自社製品への誇りを積極的に育てようとしている。たとえば、スターバックスでは、コーヒーのテイスティングによってすべての従業員が商品知識を得て、コーヒーへの情熱を育くむようにしている。

メルセデス・ベンツは、改革の初期にそのような企業文化の変革に取り組んだ。CEOのスティーブ・キャノンは、就任後初の全米販売店会議の5カ月後、2012年10月にラスベガスで開かれた全米販売店会議で、新しく導入した販売店における企業文化の調査（後に「メルセデス・ベンツ・ウェイ」と呼ばれるようになった）と「Drive a Star Home（以降、ＤａＳＨプログラム）」と呼ばれるプログラムについて述べた。

「わが社の素晴らしい車を運転することで、わたしたちのブランドとお客様についてより深い知識を得られる機会として、販売店の従業員に提供する取り組みを近々導入する」

このプログラムを通して、販売店の従業員全員が2〜3日、メルセデス・ベンツの車を運転できるよう、７００台超の車が提供された。すでにメルセデス・ベンツの車を所有している店舗も、業務上から日常的に使っている店舗もあったが、7割の従業員が自分たちが販売している製品のハンドルを握ったことがなかったのである。

これは説得力のある、一見、容易に実行できるプログラムのように思えるが、実際には物流的な問題があった（販売店の従業員数の多さを考えれば、全員にメルセデス・ベンツの車を体験させるのは大変なことである)。

当時、メルセデス・ベンツUSAの小売研修の部門長だったマイケル・ドハティは、このプログラムのコンセプトを開発し運用を開始するのに重要な役割を果たした。

「370超の販売店で働く従業員の総数を調べ、90日間で全員がメルセデス・ベンツの車に2日間乗れるようにするには何台の車が必要かを算出した。それから、各店に何台割り振るかを決めた。その後、コストや問題について考え始めた」

販売店の従業員に48時間、車を「貸し出す」にはどのように使用許可を与えて保険をかけるか、車が事故にあったらどうなるかを考えなければならなかった。また、貸出期間が終了した後の車の価値をいかに維持するかも課題だった。最終的には、ハーツレンタカーの協力を求めた。マイケルは次のように説明する。

「ハーツレンタカーにわたしたちの車を709台購入するよう依頼し、そのかわり90日間、全車両を借り上げる保証を与えた。通常の65パーセントの利用率よりもかなり多くなる。交渉を重ねた結果、取引が成立し、ハーツレンタカーに車を売って、それを全米中の販売店に届けた」

ハーツレンタカーとの交渉と同時に、販売店の従業員たちに自社の車に乗る機会をスムーズに提供するためのプロセスも整えられた。マイケルは言う。

「チームのメンバーには、販売店の従業員がすぐに車に乗れるよう手順を簡単にすることを強調した。面倒な手続きは困る。楽しんでもらわなければ、と。手続きが複雑になれば、『もうどうでもいいや。こんな面倒な思いをしてまで乗りたくない』と言われかねない。だから実際に、シンプルなものにしたよ」

700台超の車を提供する投資の見返りを最大化するには、どうすればいいか。メルセデス・ベンツの研修設計者と研修担当者は、これを体験型の学習機会にするために、「事前学習」「試乗」「事後学習」の3段階からなるワークショップを開発した。

「事前学習」で使われる教材には、ハイ・パフォーマンス・ナビゲーションやエンターテイメント・システムなどの基本操作、座席や電動ミラーの調整方法、安全性、性能、イノベーションなどに関する重要な情報が記されている。「事前学習」を終えた従業員は、日程に沿って試乗する。日程は各販売店に派遣されたコーディネーターが設定した。

何日間かの「試乗」を終えた従業員はおよそ30日間にわたり、eラーニングのワークショップによる「事後学習」で、さらにメルセデス・ベンツの車について学ぶと同時に、試乗体験で何を感じたかを報告する。全従業員がプログラムに参加した販売店には報奨が与えられる。

その結果、販売店の従業員の参加率と取り組みの水準を追跡することができた。当時、メルセデス・ベンツUSAのラーニング&パフォーマンス部門の認定&承認スペシャリストであるリン・ネルソンは次のように報告している。

「1万8387人の販売店の従業員（93パーセント）が本プログラムを通して、メルセデス・ベンツの車に試乗した。そのうち99パーセントがこのプログラムを推奨し、97パーセントが有意義な時間の使い方だと答えている」

さらに、定性的なフィードバックが定期的に集められ、販売店間で共有された。プログラムの参加者による話をまとめたものは www.driventodelight.com/DaSH で閲覧できるが、ここでいくつかを紹介しよう。

「わたしは財務部門で働いているので、これまで車については話を聞くだけだった。試乗して、製品について知ることができてうれしかった。技術、操作、性能などを学ぶことができて良かった。素晴らしい体験だった」

「この車を運転して帰って、GLKに興味を持っていた近所の人々に見せることができた。そうやって宣伝ができたので、近所の人が週末に試乗をしようと予約をしてくれた」

「素晴らしい体験だった（涙が出そう！　バカみたいだろう!?）。前は単なる『ブランド』に過ぎないと思っていたが、いまは『車』そのものを理解した。快適さ、性能と操作もそう。11歳の息子が『乗っているると安心する』なんて言っているよ。それも『事前学習』で覚えたので、息子にこの車が本当に安全で、どうやって安全な車をつくっているかを説明することができたからだ。高級車だということは変わらないが、わたしにはそれ以上のものになった。メルセデス・ベンツを運転する機会を与えてくれて感謝している」

販売店で成功した結果、このプログラムは、メルセデス・ベンツUSA全体にも拡大され、さらにメルセデス・ベンツ・ファイナンシャルサービスでも行われた。

メルセデス・ベンツ・ファイナンシャルサービスの副社長であるブライアン・フルトンは、メルセデス・ベンツUSAと同じプログラムを導入することが重要だと述べている。

「お客様の目から見れば、両社は1つの企業のように映るだろう。だからこそ、高水準の顧客体験を責任を持って創出することができるのだ。メルセデス・ベンツ・ファイナンシャルサービスでは、お客様第一主義は常にコアバリューとされてきたうえに、〝最高の顧客体験を届けること〟はブランドとしての約束である。常にお客様に提供する体験をより良いものにしようと取り組んでいる。お客様には、個人のお客様のほかに、社内の顧客である同僚、販売店も含まれる。メルセデス・ベンツ・ファイナンシャルサービスの従業員が関わるすべての人の、すべての体験を重要なものだと考えている。そのため、すべてのやりとりを喜びに満ちたものにしたいんだ」

「**すべての従業員に自社製品を楽しむ機会を与える**」という単純明快な目的を実現するために、両社の経営陣は多くのリソースを投資した。ハーツレンタカーの協力、試乗手続きの簡素化、学習ツールの提供のおかげで、従業員にはメルセデス・ベンツの車に乗り、文字通り、涙を流す機会が与えられた。

あなたの会社では、従業員が自社の製品やサービスとつながりを築き、卓越した顧客体験を創出するという熱意を育てるためにどんなことをしているだろうか？

「従業員のエンゲージメント」は顧客体験に直結する

第1章ではメルセデス・ベンツＵＳＡの従業員が、２００５年から２００６年のあいだに起こった士気の低下から立ち直ったところであることを述べた。当時のリーダーたちは、製品の質を向上させ、従業員に自信をつけさせ、誇りを取り戻すことに力を注いだ。

そうした努力のおかげで、メルセデス・ベンツＵＳＡは、『フォーブス』誌の〝最も働きたい会社〟のリストにＯＥＭ企業として唯一、初めて選ばれた。従業員のエンゲージメントの強化に力を入れた結果、同社はこの名誉あるリストの常連となっている。

ＣＥＯのスティーブ・キャノンと経営陣は、**従業員のエンゲージメントを強化し、それを生産性に結びつけるのはリーダーの役割であることを理解している。幸せな従業員は生産性が高いことを知っているからだ。**ギャラップ社の調査によれば、アメリカでは、従業員のエンゲージメントの低下が、年間４５００億から５５００億ドルの損失につながっているという。

スティーブは、クライスラー社との合併が失敗に終わった後に、信頼と情熱を取り戻すために効果的だったプロセスについて次のように語った。

「最初に行ったのは従業員との関係を見直すことだった。まず、匿名の徹底的な調査から始めた。思っていることを正直に述べるよう従業員に求めたところ、率直な返事が戻ってきた。『経営陣は近づきがたい』『従業員を公正に扱っているように思えない』『明確なコミュニケーションがない』『従業員の意見を聞かない』などだ。経営陣は力を合わせて、問題の解決に取り組んだ」

従業員からの率直な評価にもとづき、リーダーシップ研修、コミュニケーションの活発化、従業員の表彰制度などを取り入れた結果、メルセデス・ベンツの企業文化が変わった。従業員のエンゲージメントは２桁の改善を見せ、第三者の評価機関から称賛を得た。同社が顧客体験の改善という大改革を始めることができたのは、従業員のエンゲージメントが強化されたおかげだった。

ただ、メルセデス・ベンツＵＳＡの従業員のエンゲージメントは強化されたものの、製品優先が象徴的だったブランドを一流の顧客体験を提供する企業へと変えられるかどうかは、販売店の従業員のエンゲージメントにかかっている。販売店の従業員は、顧客に喜びを感じていただきたいと思うほど、雇用者から十分な扱いを受けているだろうか。さらにメルセデス・ベンツは、いかに販売店の従業員のエンゲージメントを強化することができるだろうか。

スティーブは、次のように説明する。

「２００７年から２０１３年にかけて、メルセデス・ベンツＵＳＡの企業文化を変え、従業員のエンゲージメントの強化に取り組んだ結果、じつに多くのことを学んだ。それを３７０超の販売店にも取り入れたいと思った」

まず、販売店で働く2万４０００の人々を調査することから始めた。自由意思による従業員のエンゲージメントの調査では、見過ごされている多くの問題が販売店の責任者と協力して行うことで浮かび上がってきた。

多くの調査会社のなかから選ばれたのは、リオール・アルシーが率いるストラティヴィティ社のグループだった。リオールは「Driven to LEAD」研修を実施したときに、販売店の信頼と尊敬を得ていた。その信頼を活かして、エンゲージメントの調査で明らかになった販売店の問題をサポートをした。

また、メルセデス・ベンツＵＳＡにとっても、販売店にとっても魅力的な従業員のエンゲージメントのモデルを導入した。そのモデルでは、従業員のエンゲージメントが、個人(Individual)、マネジャー(Manager)、顧客(Customer)、組織(Organization)の４つの面で評価される(ＩＭＣＯモデル)。メルセデス・ベンツＵＳＡの販売店の従業員は、４つの面における感じ方とその度合を評価された。

個人

- 自分の仕事に影響力があると感じている
- 仕事とプライベートのバランスが取れている
- 日々の問題に、当事者意識を持って取り組んでいる

マネジャー

- (部下は) 仕事の割り振りが適切にマネジメントされ、公正だと感じている
- (部下は) マネジメントによって刺激を受ける
- (部下は) マネジメントしてくれることをありがたく思う

顧客

・販売店が顧客のために大きな価値をつくり出していると考えている
・販売店のリーダーたちが顧客中心の意思決定をしていると思う
・販売店には、顧客のためになることをする権限を与えられている

組織

・リーダーたちのビジョンや戦略を信頼している
・リーダーたちは明確なコミュニケーションをしていると考えている
・販売店の成功とのつながりを感じる

エンゲージメントの調査に従業員の協力を得るには、販売店と従業員が提供する情報が組織を変えることを信じてもらう必要があった。調査はストラティヴィティ社によって、独自に実施され、分析された。メルセデス・ベンツＵＳＡには、参加率と要約のみが報告された。販売店には詳細な報告が行われたが、データは個人が特定できないように集計されていた。

こうした措置を施してまで、なぜ販売店は従業員のエンゲージメントを自発的に調査したのだろうか。理由の一部は財務的なものだとストラティビティ社のリオールは言う。

「わたしたちが開発した計算方法では、従業員のエンゲージメントが10パーセント強化されると、販売店の平均利益が36万7000ドル増えることが示された。販売店の売上データ、従業

員数、従業員の給料といった情報を代入すると、従業員のエンゲージメントの改善が各販売店の収益性にどのような影響を与えるかが示される」

従業員のエンゲージメントを評価し、エンゲージメントを改善することの必要性を伝え、回答者のプライバシーを守ることを約束した結果、詳細な調査（28の質問）に71パーセント（約1万6000人）の販売店の従業員が参加した。

集めたデータを活かすには、結果にもとづいた行動を起こさなければならない。そのため、メルセデス・ベンツUSAはストラティヴィティ社と連携して、IMCO（個人、マネジャー、顧客、組織）モデルの4つの分野におけるリーダーのためのベストプラクティス・ガイド「エンゲージ・イン・アクション」を作成した。これには雇用者の選抜、参加型経営、従業員の表彰、業績評価、精神的指導力、ビジョンや戦略の明確な伝え方などについて多くの提案が含まれている。

IMCOモデルとは何か、調査結果をいかに理解すべきか、「エンゲージ・イン・アクション」をどう使うべきかを販売店に説明するために、ウェブによる会議も開かれた。

さらに、ストラティヴィティ社による対面のコンサルティングも行われた。リオールは、それについて次のように説明する。

「わたしたちはコンサルティングの前夜に販売店を訪れ、従業員からなるフォーカスグループの話を聞いて、評価の裏に何があるのかを探った。次の朝、販売店のエンゲージメントの評価とフォーカスグループから得た定性データをプレゼンした。それから、行動計画を立てる。このとき、初めてリーダーたちから、調査結果についてどう思うかを聞く。そうした感情にもとづいて、反応をまとめたマップをつくった」

リオールによると、最初は怒ったり、裏切られたと感じたり、問題が大げさに取り上げられていると感じたりするリーダーもいるという。いずれの場合も、リーダーたちは研修のプロセスを経ると、最初の反応を忘れて問題に向き合い、原因を探り、行動ステップを策定するようになる。

1年目の調査結果が思わしくないのを知らされたスティーブは、次のように述べている。

「アメリカ国内の販売店の37パーセントの従業員が、エンゲージメントを感じていないか、意図的に感じないようにしていることがわかった。リーダーやお客様やブランドと気持ちのつながりを見出している従業員が63パーセント程度ならば、最高の顧客体験は提供できない。それだけでなく、最もエンゲージメントの水準が低いのが修理工で、55パーセントがエンゲージメントを感じていなかった。彼らは仕事ぶりを認められていない、あるいは十分に認められていないと感じていた」

スティーブはさらに続ける。

「彼らは、リーダーたちと接するのは問題が起こったときだけで、良い仕事をしたときにほめられることはほとんどない、と報告していた。お客様の車の最初の調整を行うのは彼らなんだ。こうした結果は、販売店に提供するコーチングやツールが重要であることを示している。**最高の顧客体験を届けるには、販売店のレベルでリーダーを育て、すべての従業員のエンゲージメントを高める必要があった**」

メルセデス・ベンツUSAは、修理工たちのエンゲージメントを強化するツールを提供すると同時に、販売とサービスの賞を与えるプログラムを導入した。すぐれた顧客体験を常に提供する販売店の従業員をたたえる制度である。

受賞者は、メルセデス・ベンツUSAからトロフィーを授与されるほか、ドイツに招待され、ダイムラーAGの工場、博物館を見学し、ブランドを築いた人々や場所を知る。さらに、スティーブは、販売店を頻繁に訪れて、個々のすぐれた顧客体験をたたえ、そうした体験を常に提供している従業員に感謝と称賛のしるしとして、個人的にメダルを与えている。

このようにメルセデス・ベンツは、販売店の従業員のエンゲージメントの調査結果を活用し続けている。従業員への対応については販売店の自主性を尊重する一方で、従業員の声に耳を傾けたいとする店長をサポートする枠組みを提供し、それを促している。

最初の調査から1年後の追跡調査のあいだに、従業員のエンゲージメントに大きな改善が見られた、とリオールは言う。

「販売店全体の従業員のエンゲージメントは10パーセント、修理工については20パーセント改善した。店によっては最初の評価を下回ったところもあるが、それは最初の調査で本音を明かせなかった場合が多いようだった。その後の展開を見て、より率直な気持ちを表すようになったらしい」

年に1度のこの調査は今後も続き、従業員への対応を計画するプロセスでは「エンゲージ・イン・アクション」が活躍するだろう。こうしたツールがあるため、メルセデス・ベンツUSAが個別のコンサルティングを提供することはなく、コンサルティングが必要な販売店は独自に手配することになる。そのかわり、販売店には、より強化された販売店の研修である「(メルセデス・ベンツ)リーダーシップ・アカデミー」(詳しくは第8章で解説)が用意された。

あなたの会社では従業員の声に耳を傾け、彼らのエンゲージメントを強化するための行動計画をつくっているだろうか? 従業員が互いを公に、あるいは非公式にたたえる企業文化を競争力につなげているだろうか? あなたのチームのメンバーは、自分たちの意見や成長、進歩を気にかけてくれるリーダーや組織のために働いていると感じているだろうか?

従業員の声を聞かず、彼らの仕事ぶりを認めず、エンゲージメントを強化せずにいたら、すぐれた顧客体験を持続的に提供することができるのだろうか？　さらに、従業員の気持ちに報いるような職場環境をつくるようにマネジャーをトレーニングせずに、従業員のエンゲージメントを強化することができるだろうか？

失敗を認めたとき、改革はさらに前進する

最高の顧客体験を届けるために、メルセデス・ベンツのリーダーたちは、すぐれた顧客体験の提供者として高く評価されている企業から学び、販売とサービスにおける最高のなかでも最高の、独自の顧客体験を定義した。

また、すぐれた顧客体験を提供する企業のストーリーや事例は、本社と販売店の両方の従業員に大いに刺激になった。それによって、組織内の誰もが提供できる独自の顧客体験である「メルセデス・ベンツ・ウェイ」を創出しようと立ち上がった。

「メルセデス・ベンツ・ウェイ」の開発は、すぐれたサービス企業をベンチマークとし、そうした企業で起こる顧客とのタッチポイントやプロセスを学ぶことから始まった。こうした企業の事例を学べば、メルセデス・ベンツの従業員にとって刺激になるだけでなく、創出する顧客体験に深い人間味を加えることにつながる。

ベンチマークを設定するにあたって、広告会社のマークレー＋パートナーズ社に顧客体験の分野で秀でている企業を特定してもらった。そうした企業のリーダーたちを招いて、顧客のためにいかに一貫した独自の体験を提供しているかを語ってもらう。それを録画して、顧客体験を改善するための情熱を刺激し、すぐれた顧客体験のイメージを描くのに活用した。録画した企業は、マンダリン・オリエンタル・ホテル・グループ、スターバックス、ノードストロームなどである。

こうして完成した「メルセデス・ベンツ・ウェイ」の動画は、全米部品サービスマネジャー会議や全米販売店会議などで紹介された。

一方、著者であるわたし自身は2013年に同社のベンチマーク設定のプロジェクトに参加し、リッツ・カールトン、ザッポス、メルセデス・ベンツUSAのCEOのスティーブ・キャノンによる、3社のパネルディスカッションを準備し、ファシリテーターを務めた。それはメルセデス・ベンツUSAの従業員や現場のスタッフにライブで流され、社内で活用できるよう保存されている。

ベンチマークの設定はうまくいき、すべての従業員が伝説のブランドがつくり出している、すぐれた顧客体験を理解した。だが、「メルセデス・ベンツ・ウェイ」とはどのようなものであるかを定義することまではできなかった。

さらに、ストラテイヴィティ社は販売店の最も優秀な従業員を集めて、ラスベガスで2日半のワークショップを行った。これについて、「顧客体験チーム」のゼネラルマネジャーであるハリー・ハイネカンプは次のように説明する。

「参加者はまず既成の箱を通り抜ける。枠にはまらない考え方をしよう、ということだ。それにより、メルセデス・ベンツの未来の顧客体験をつくり、お客様の喜びをより高い水準へ引き上げようという姿勢を引き出した。ワークショップでは、お客様の体験を細分化し、概念化した。それぞれのタッチポイントでお客様の期待に応え、満足していただく以上のことを考え、本当の〝喜び〟を提供するには何が必要かに重きを置いた」

また、参加者は、メルセデス・ベンツが提供する体験について考えるために、ラスベガスの高級品店などで買い物をしたり、レストランで食事をしたりするように言われた。そして、五感を働かせて、そうした体験で感じたことや覚えた感情をリストにした。

結果、多くの素晴らしいアイデアが生まれた。だが、独自の体験を定義するには至らなかった。要するに、リーダーたちは、わたしが「**ようだね効果（so effect）**」と呼ぶものに陥っていたのだ。

たとえば、小売店が寛容な返品制度を導入したとする。すると「ノードストロームのようだね（"That is *so* Nordstrom"）」と言われる。常連客の注文と名前を覚えるよう従業員を促せば、「スターバックスのようだね（"That is *so* Starbucks"）」と言われるかもしれない。「ようだね効果」は、そうしたサービスがブランドの特徴のように言われるほど、すぐれた体験が提供されていることを示している。「メルセデス・ベンツ・ウェイ」は、販売においても、サービスにおいても、同社の特徴となるような顧客体験を定義し、さらに発展させ、それを提供するための研修を行うプロジェクトとなった。

アップルストアが既存の小売販売の環境とは大きく異なるものをつくり出したように（紙へのサインの廃止、顧客を迎え入れるグリーターの導入、洗練された設計）、顧客を満足させるだけにとどまらない「**メルセデス・ベンツのようだね**」**と言われるような至上の喜びを創出するには、記憶に残る瞬間、独自の対応、画期的なプロセスをいかに提供すればいいかを模索した。**

そのために試験的に、メルセデス・ベンツUSAと販売店に導入される予定の研修プログラムが実施された。プレゼン方式で選んだ業者が、マンハッタンにある販売店で試験的なプログラムを行ったのである。

ところが、残念ながら、そのプログラムはうまくいかず、本格的な展開をせずに中止することになった。CEOのスティーブは関係者へ書面で次のように報告している。

「何カ月ものあいだ、お客様の体験を改善する一環として、『メルセデス・ベンツ・ウェイ』の始動について語ってきた。2013年最大のプラットフォームとなるはずだったプロジェクトに多くの資金と労力を投じ、業者を選定して計画を実行に移そうとした。しかし、その計画は『最高でなければ意味がない』というわたしたちの基準を満たすのが難しいことがわかった。

よって、『メルセデス・ベンツ・ウェイ』の始動は見送ることになった。ホームランを狙ったものの、フェンスには届かなかったのだ。お客様の体験を改善するために大事なことだと考えていたので、心痛の思いでもある。だが、失敗を通して、学びもした。関係者も学んだはずだ。もちろん、これによる解雇はない」

大企業のリーダーが、失敗を「曲解」せずに認めるのは珍しいことである。より高い目標を設定すれば、うまくいかないこともあるのだ。

もしあなたのところに失敗の報告が届かないなら、リスク回避の風潮が蔓延しているか、部下が隠そうと努力しているかのどちらかだ。**リーダーが判断ミスを認め、失敗を非難せず、経験から学べば、従業員は安心して改革を進めることができる。**

「メルセデス・ベンツ・ウェイ」の研修の意図は正しかったが、成果をもたらすために必要な要素のいくつかが欠けていた。ハリーは次のように言う。

「分析をしてみると、時期尚早だったということがわかってきた。他社とは一線を画すような独自の体験を創出する前に、全体的な体験の質を改善する必要があった。**土を耕してもいないのに種を蒔《ま》こうとしているようなものだった。**当時、まだ自発的には育ち始めていないものを求めて資金を投資したという点では失敗である。わたしたちは岐路に立たされた。お客様に提供する体験は改善されつつあったものの、最高の顧客体験を届けるための独自の手法の研修をする前にやるべきことがあったのだ」

メルセデス・ベンツのリーダーたちは、「メルセデス・ベンツ・ウェイ」の研修から学んだことを分析し、何が足りなかったのかを明らかにし、方向転換をして2つの総合的な取り組みを始めた。

すべてのビジネスは「人」によって決まる

自動車産業は製品主体ではあるが、**製品を販売し、サービスをするのは〝人〟だ**。人が重要だというのは自動車産業に限らず、あなたの会社でも同じかもしれない。

メルセデス・ベンツでは、販売店の人々の体験を強化するために、同社の車の技術、安全性、ドライビング体験を味わう機会を与えた。さらに、一流の顧客体験の提供者である企業の物語を伝えることで、すぐれたサービスを提供する刺激にした。

わたしは、かねてから「すべてのビジネスは人によって決まる」と言っている。企業のリーダーは、従業員、スタッフ、チームのメンバーに力と刺激を与えて、お客様の人生をより良いものにする務めを担っている。

次の章では、メルセデス・ベンツと販売店が行った、リーダーシップ・スキル、従業員が提供するサービス、ブランドに対する情熱を強化するために、大規模な長期的な投資について見ていく。

「最高の顧客体験」を届けるためのキー

- ◈「最高でなければ意味がない」。そのような顧客体験を提供するには、人、プロセス、企業文化、情熱が大切である
- ◈従業員が製品、ブランド、リーダーたちに対して熱い思いを抱いていなければ、顧客体験の創出と収益性を持続させるための「ツール」をつくることはできない
- ◈ギャラップ社の調査では、従業員のエンゲージメントの低下によって、アメリカ国内だけで、毎年４５００億から５５００億ドル相当の生産性が失われている
- ◈自社の製品やサービスをできるだけ多く体験するよう従業員を促す
- ◈従業員のエンゲージメントを定期的に評価する。定量的および定性的なフィードバックを分析し、マネジャーやリーダーがフィードバックにもとづいて行動できるツールを開発する
- ◈顧客体験の提供に秀でた企業から学び続ける。あなたの会社特有の、画期的な体験を創出するために、サービスのプロフェッショナルを呼びブレーンストーミングを行おう

◈すべての努力が実を結ぶとは限らないことを理解する。判断ミスを認める。生産性の低い、あるいはタイミングの悪い試みは縮小し、すばやく軌道修正する。失敗から学び、新しい方向性を定め、前進を続ける

Driven to Delight

第8章
ブランドを体現する「人づくり」

あなたの行動によって、他者がより多くの夢を抱き、より多くを学び、より多くを行い、より大きく成長したとき、あなたは真のリーダーとなる。

ジョン・クインシー・アダムズ

組織の価値観は、リーダーから感染する

「DaSHプログラム」「販売店の従業員に対するエンゲージメントの調査」「ベンチマークの設定」は成功を収め、メルセデス・ベンツと販売店の従業員たちの気持ちは高まった。「メルセデス・ベンツ・ウェイ」の創出は失敗に終わったが、リーダーたちは従業員を教育し、感情の絆を結び、刺激することで勢いに乗せ、最高の顧客体験を届けるための価値観を共有していった。

メルセデス・ベンツの企業文化と行動を大きく変えようとしていたリーダーたちは、この前向きな流れをうまく利用した。リーダーシップに関するベストセラー作家のジョン・マクスウェルは建設的なエネルギーの活用について、次のように述べているように。

「**良いリーダーは勢いを維持するが、すぐれたリーダーはそれに拍車をかける**[※1]」

CEOのスティーブ・キャノンと経営陣が拍車をかけるために行ったのは、「ブランド・イマージョン・エクスペリエンス」と「リーダーシップ・アカデミー」の導入である。

2014年、スティーブは、アラバマ州バンスにあるメルセデス・ベンツUSインターナショナルの工場の近くで開催された全米販売店会議で「ブランド・イマージョン・エクスペリエンス」について触れ、こう言った。

「9月にここは一流の生産工場であるだけでなく、一流の学びの場になる。ここで、皆さんのチームは、2日間にわたり、これまでになかったほど集中的にわたしたちのブランドを体験することになる。工場を見学し、メルセデス・ベンツの車を運転し、世界で最もすぐれたブランドについて学ぶ。**人々の支持を得るには、頭だけでなく心も大事だ。**わたしたちはどちらも追い求める。このプログラムが成功の基礎となると信じている」

「ブランド・イマージョン・エクスペリエンス」は、さらに、メルセデス・ベンツの価値観、顧客体験の基準、期待、責任などについても伝えることになっていた。

スティーブはさらに、「リーダーシップ・アカデミー」の構想についても語った。

「このプログラムは単純明快な前提をもとにしている。それはリーダーシップが重要だということだ。**リーダーたちは重要な輪だ。リーダーは企業文化をつくり、チームに刺激を与え、成果を出す**」

その後の分科会のセッションでは、「ブランド・イマージョン・エクスペリエンス」と「リーダーシップ・アカデミー」についてさらに詳しい説明があった。また、「ブランド・イマージョン・エクスペリエンス」で、参加者がどのような体験をするかがわかるアクティビティも行われた（たとえば、メルセデス・ベンツUSインターナショナルの工場見学、メルセデス・ベンツの車の性能、イノベーション、安全性を知るための試乗体験などである）。

ブランドを体感する仕組みづくり
――ブランド・イマージョン・エクスペリエンス

企業文化が急速に変わった事例を研究するのであれば、「ＤａＳＨプログラム」と、その後継プログラムである「ブランド・イマージョン・エクスペリエンス」が最適だろう。販売店の従業員に、自分たちが販売している車を実際に体験する「ＤａＳＨプログラム」は、大きな成功を収めた。そのプログラムを、毎年実施しようと考えるのは当然のことである。

メルセデス・ベンツのリーダーたちは「ＤａＳＨプログラム」から多くを学び、さらなる改善を加えたプログラムをつくろうとした。しかし、熟慮の末に、より大胆で画期的な取り組みとして、新しく開発されるプログラムである「ブランド・イマージョン・エクスペリエンス」には「ＤａＳＨプログラム」の良い点である体験的な学習に、より広範囲の、拡張性のある、持続可能な学習機会が加えられることになった。

車に試乗するだけにとどまらず、性能、安全性、技術、顧客体験などのブランドのすべての面について学ぶ。そのため、個々の店舗ではなく、研修施設である「ブランド・イマージョン・センター」に販売店の従業員を集めて研修を行うことになった。多額の資金を投じて最新の学習センターをつくり、メルセデス・ベンツＵＳインターナショナルの工場、ドライブコースなどの近くに設置したことで、比類のない学習体験が提供される。

本書の著者であるわたしも、「ブランド・イマージョン・エクスペリエンス」の設計に関わり、最初の研修クラスに参加した。そこで、そのときの体験の詳細と、同社がブランドの素晴らしさと目的意識を伝えるために活用した独自の手法について、できるだけ冷静に語りたいと思う。読者の皆さんは、ぜひ参加者の視点から読んでほしい。


あなたはアメリカ国内のメルセデス・ベンツの販売店の従業員で、これから「ブランド・イマージョン・エクスペリエンス」に参加するとしよう。研修初日が近づくと、販売店がアラバマ州バーミングハムまでの航空券の手配をする。バーミングハムに到着すると、にぎやかな地区にある格式高いホテルへ移動する。ホテルでは、翌日の準備のためにメルセデス・ベンツの受付に立ち寄る。

受付では、研修で使うタブレットを渡される。タブレットは写真を撮ったり、メモをしたりするのに使えるだけでなく、充実したインタラクティブな教材と、研修時間内に取り上げられた項目以上のことを探求するツールになる。

初日の朝、あなたはほかの参加者とともに、アラバマ州バンス近くにあるメルセデス・ベンツUSインターナショナルの生産工場内にある「ブランド・イマージョン・センター」に移動する。

「ブランド・イマージョン・センター」には、研修室、タッチスクリーン・インタラクティブ・ラーニング・ステーション、メルセデス・ベンツ博物館、メルセデス・ベンツ車の安全性と画期的な技術を紹介するエリアがある。

「ブランド・イマージョン・センター」に着くと、一般セッションに出席し、メルセデス・ベンツUSAのCEOであるスティーブ・キャノンが歓迎のメッセージを伝えるビデオを観る。ビデオでは、これから2日間にどのような体験をするかが説明される。

それは、メルセデス・ベンツの車が設計され、つくり上げられる精巧な技術を見学し、ブランドのレガシーを学び、最高の顧客体験を届けるために何が必要かを理解する絶好の機会となる。

その後、体験をより身近なものにするために、参加者は小さなグループに分かれてアクティビティに参加したり、合同でプレゼンをしたり、締めくくりのイベントに出席したりする。

参加する最初のアクティビティが、世界最先端の生産工場の1つである、メルセデス・ベンツUSインターナショナルの工場見学ツアーだとしよう。1997年のオープン以来、Mクラスを生産しているドイツ以外の初のフル稼働の工場だ。また、MクラスのSUVに加え、GLクラスの高級SUV、Cクラスのセダンとクーペ、GLEのSUVクーペもつくられている。

敷地面積は500万平方フィート（アメリカンフットボールのグラウンドおよそ86個分）。年間23万台を超える車が組み立てられ、135カ国に送り出される。

ツアーでは、機械と人間の手によって行われる精巧な生産工程を見学する。すぐれたチームワーク、卓越したサプライチェーン管理、質と安全性に対する妥協を許さない取り組みを知ることできる。

次のアクティビティは、メルセデス・ベンツＵＳＡで望まれる顧客体験をテーマにした３つのワークショップの１つだ。３つのワークショップは次の通り。

- 「〝最高〟とは何かを理解する」。「車（製品）中心」から「お客様中心へ」と変革を遂げる過程を理解するためのインタラクティブな体験
- 「耳を傾け共感する」。お客様の言葉を親身になって聞く力を磨き、お客様の立場になって解決策を提案する体験
- 「価値と喜びをもたらす」。期待を超え、最高の顧客体験を届けるために、人間味ある独自の価値を提供するツールを学ぶ体験

この研修では新しいコンセプトや用語は使われない。新しい頭字語の組み合わせや新しいモデルで参加者を圧倒するのではなく、これまでに実施した研修プログラム「Driven to LEAD」をベースとすることにした。「Driven to LEAD」研修はもう何年も前から導入されていたので、

参加者もよく理解していたからだ。よって、「Driven to LEAD」研修を活用して、顧客に耳を傾ける、共感する、価値をもたらす、最高の顧客体験を届けるといったスキルを深めた。

1日目が終わりに近づく頃、バーミングハムのホテルの近くで夕食をとるときの体験を「Driven to LEAD」研修のフレームワークを使っていかに観察し、評価するべきかについて説明を受ける。そして、仲間と一緒にレストランに行き、豪華な食事を楽しむ一方で、店に到着してから出て行くまでの体験を、レストランの従業員の行動を「Driven to LEAD」研修のフレームワークに当てはめて観察する。その観察を2日目の最初にみんなで話し合う。

その後、メルセデス・ベンツの車の安全性、性能を知るための試乗体験をして、同社の革新性を学ぶワークショップに参加し、近くのバーバー・ビンテージ・モーター・スポーツ博物館で行われる夜の閉会式に出席する。

そこではメルセデス・ベンツがいかにイノベーションを行ってきたかを理解するために、「ブランド・イマージョン・センター」内を自由に歩き回って、メルセデス・ベンツのクラシックカーや最新の技術を見学する。

「指定された新しい技術の写真を撮る」という課題では、顧客が抱える問題を明らかにするというビジョンを描き、画期的な顧客中心の解決策をつくり出すためのアクションプランも学ぶ。無公害車や事故を起こさない全自動運転車など、未来を垣間見る機会もある。

また、同社の車のオフロードやオンロードの性能についても学ぶ。ここではGLクラスSUVのオフロード体験の一部を紹介する。プロのドライバーが、不安定な橋やスイッチバック、川を走らせた後、ダウンヒル・スピード・レギュレーション（DSR）のスイッチを入れる。目の前は70度の急勾配。DSRがエンジン、ギア、ブレーキを自動調整し、車はその坂を一定の速度で下る。

傾斜のあるカーブ、岩、水たまり、深い穴、枕木などの障害を体験する頃には、たとえ通常の運転では要求されないものだとしても、メルセデス・ベンツの車に組み込まれた安全性と安定性の水準を実感できるようになる。最適な条件下で運転するときでも、同様の実感を得られる。

さて、「ブランド・イマージョン・エクスペリエンス」の参加者がどのような体験をするかはだいたいわかったと思う。そこで、こうした機会から何を学べるかを考えてみよう。

メルセデス・ベンツのリーダーたちは、オリエンテーションのようなことをやるつもりはなかった。方針や手続きの説明は、各販売店で行えばいい。そのかわりに、**メルセデス・ベンツのブランドをつくり上げている歴史、ブランドの深さにどっぷりと浸《イマージョン》かることができる学習の機会とその場をつくった。**

従業員をはじめブランドを代表する人は、ブランドが体現する意味や目的や特殊性、あるいは望まれるサービスについてあまり理解していないことが多い。1人が、今日はAブランドのトースター、明日はBブランドのコンピューターを売っているのさえよく見かける。他社から引き抜いた従業員に、企業の歴史やレガシーを説明しないマネジャーも多い。さらに、顧客にどのようなサービスを提供してほしいかについてはめったに説明しない。そうなると、ブランドAとブランドBの顧客体験に、ほとんど違いがないのも当然だろう。

「ブランド・イマージョン・エクスペリエンス」の目的は、ブランドや組織との独自のつながりを築くための状況、そして、入社したのが正しかったのを再確認することである。ブランドと気持ちのつながりを持つ従業員は、幸福感さえ得られるかもしれない。

心理学者のマーティン・セリグマン博士は、「本当の幸福は、自分より大きなもののために献身することから生まれる」という仮説を立てた。それは多くの科学的研究によって検証されている。

つまり、従業員を幸せにするのは、尊い目的なのだ。ブランドを大切に思う気持ちを従業員に植えつけ、あなたの会社が望むような方法で他者に献身するようになれば、従業員のためにも、顧客のためにもなる。[※2]

メルセデス・ベンツのリーダーたちは、**ブランドを代表する人々に最高の顧客体験をしてもらうことで、お客様に最高の顧客体験を届けるための姿勢を示したのだ。**従業員に喜びを伝えるプロセスにおいて、「ブランド・イマージョン・エクスペリエンス」は大きな役割を果たした。

リーダーを育てる仕組みづくり
——リーダーシップ・アカデミー

成功している既存の研修プログラムを「どうしたらもっと良いものにできるか？」と考えるリーダーは多いだろう。だが、メルセデス・ベンツUSAのリーダーたちは、顧客体験のコーチングなどのプログラムに関して**「〝最高でなければ意味がない〟ものにするにはどうしたらいいか？」と考える。**

CEOのスティーブ・キャノンは士官候補生として陸軍士官学校《ウエストポイント》で、また、米陸軍特殊部隊でリーダーとしての訓練を受けた。そのため、コーチングはリーダーが従業員の調査のスコアを伸ばすのには役立つかもしれないが、リーダーとしての哲学やスキルを磨くという、より重要な課題には不十分だと感じていた。

顧客体験のコーチングを行ったストラテジィヴィティ社の社長であるリオール・アルシーは、スティーブの危惧を次のエピソードから物語っている。

「リーダーシップの開発が足りないために起こる問題があることがわかった。販売店に新しい従業員を迎えたり、オリエンテーションを行ったりといった基本的なことがうまくいっていない。たとえば、販売店の駐車案内係が入社1日目から、担当する仕事を始め、数時間後に逮捕されたという例もあったらしい。オリエンテーションもなかったし、ほかの誰にも紹介されなかったからだ。受付が『知らない人』がメルセデス・ベンツの鍵を持って車を運転して行ったので、警察に通報したようだ。こんなことからも現場のリーダーたちに足りないものがあるのは明らかだった」

「リーダーシップ・アカデミー」の創設を担当したゼネラルマネジャーを務めるダイアナ・デュプリーズはこう説明する。

「リーダーは企業文化を形成する推進力となる。従業員のエンゲージメントは企業文化から生まれ、卓越した顧客体験を提供するには、エンゲージメントの強い従業員が不可欠だ。『顧客体験の改革』という目標を達成するには、販売店の4000人ものリーダーたちに注力し、彼らが自分自身を、そして従業員が成長するサポートをしなければならない。そこで、『リーダーシップ・アカデミー』で、これまで自動車業界では例がない取り組みを始めることになった」

自動車メーカーでは、eラーニングなどのリーダーシップを開発するためのツールを用意しているところが多い。だが、メルセデス・ベンツのリーダーたちは、販売店のリーダーや現場のマネジャーたちの研修として、そういったものとは異なる性質や水準のものを提供したかった。ダイアナは、次のように述べている。

「販売店のなかには、高学歴で、これまでにリーダーシップに関して学んだり、トレーニングを受けたりした人々もいるが、そのほとんどは、企業文化を形成するうえで、リーダーが重要な役割を果たすことまでは理解していなかった。販売店代表者委員会を対象に、試験的な研修を行ったときも、セールスマネジャー、サービスマネジャー、部品マネジャーは『自らが担当する仕事で成果を出した人物だから』という理由で任命されたという話をよく聞いた。部品について一番上手にアドバイスできる人を部品マネジャーにしている、と。仕事が良くできる人がこれまでやってきたことを続けていれば、部下をマネジメントできるようになるし、高い給料をもらえる、と思い込んでいる」

ダイアナはさらに続ける。

「**残念ながら、最も優秀なセールス担当者が、最も優秀なセールスマネジャーになれるわけではない。**そのため『リーダーシップ・アカデミー』のカリキュラムは、技術面での責任ではなく、リーダーとして成功するために必要な要素に焦点を当てている。車や部品をもっと多く売ることではなく、素晴らしい企業文化をつくるにはどうするかを学ぶ。たとえば、『いかに業績目標を明確にするか』『コーチング、メンタリング、マネジメントはそれぞれ何が違うのか』などを考える。販売店の従業員の幸福や動機づけを顧客体験の改善に、ひいてはより多くの売上に結びつけるようにする」

「リーダーシップ・アカデミー」は、2つのグループのリーダーのために開発された。それは、販売店の経営陣とマネジャーたちである。カリキュラムは重なる部分も多いが、経営陣向けには、より戦略重視の、組織全体に焦点を当てたものになっている。

リーダーシップを開発するプロセスは継続的に学び、3つの段階に分かれている。

「自分自身をリードする」という最初の段階で、参加者はリーダーとしての自分のスタイルと哲学を理解する。2014年には600人の経営陣と3000人のマネジャーが受講した。

次の段階は、「チームをリードする」である。最初の段階で学んだことをもとに、チームをいかに率いて、メンバーに効果的に影響を及ぼすかをより深く理解する。

3つ目の段階の「組織をリードする」では、業績を達成し、組織を効果的に率いていくにはどうすればいいかを学ぶ。

「自分自身をリードする」の参加者は、事前にリーダーとしてのスタイルについて自己評価票に記入をし、シカゴかダラスの研修センターに向かい、2日間の講座を受ける。講座は人脈を広げるチャンスであると同時に、リーダーとしてのスタイルを知り、チームの先頭に立って、コミュニケーションをとっていく必要性を理解する場になる。

同段階では、「アメリカ海軍の精鋭によるアクロバット飛行隊・ブルーエンジェルスに学ぶリーダーシップ」というものも用意されている。同飛行隊のように、すぐれた実績を達成するための手本となる。また、生産性を伸ばすためにチームに活気を与えるにはどうするかや、従業員と顧客のエンゲージメントがより強くなる企業文化をつくるためのツールや実践する手法も学ぶ。

さらに最初の段階から、リーダーとしての自分の信条を知るための演習もある。リーダーとしての「正しい」手法を知るのではなく、参加者それぞれがリーダーとしての基本としたい信条を見つけるのが目的だ。「何を信じるか」が自らのキャリアを形成するために、スティーブのリーダーとしての信条が参加者に紹介された。

- 説得力のあるビジョンを示す
- 話すよりも聞く
- 1000の質問をする
- 非常識なほど高い基準を設定する
- 姿を見せる……見えなければ誰もついてこない
- 企業文化は戦略を朝食にする
- 人にはやさしくしよう!
- 部下はすべてを見ている。言動を一致させること
- 最も良いフィードバックは、速いフィードバックである
- 他者の尊厳を傷つけない
- 集中できなければ参加しない
- コップの水はいつも半分残っている

講座の最後に、参加者はリーダーとして、90日間注力すべきことを1つ選ぶ。リーダーとして成長するための「アカウンタビリティ（結果に対して責任を持つ）・パートナー」をつくるために、ほかの受講者の前でそれを誓う。その結果、リーダーたちの行動が変わる。実際に、参加者は、成長目標を誓うことの価値を認めている。経営陣によるセッションの参加者は、次のような感想を述べた。

「販売店全体がこのプログラムの精神を理解し、それぞれの店に合わせて修正するといい」

「素晴らしいアイデアとスキルを学んだ。リーダーとして、人間としていかに成長するべきかを考えさせられた」

「マネジャーたちを早く参加させたい」

マネジャーのセッションの参加者は次のような感想を残している。

「講座によってどんな効果が見られるかが、いまから楽しみだ」

「この講座のおかげでじっくりと考えることができた。学んだことをチームに伝えたい」

メルセデス・ベンツUSAのマーケティング担当副社長であるドリュー・スレイブンは、「リーダーシップ・アカデミー」のような取り組みには、企業文化を改革しようとする努力がよく見てとれる、と言う。

「広告代理店のリーダーたちも講座に招待した。わたしたちのお客様にメッセージを伝えてくれる彼らにも、『リーダーシップ・アカデミー』が提供するプログラムを体験してほしかったからだ。最高の顧客体験を届けることが、わたしたちにとってどういう意味を持つのか、その目的を達成するためのリーダーシップ・スキルを開発するとはどういうことなのかを知ってもらうために、関係者を招くべきだと思う」

「リーダーシップ・アカデミー」は、誰もが自分たちの職場でリーダーの研修プログラムをつくり出せることを教えてくれる。より重要なのは、**お客様にすぐれた体験を提供するには、リーダーを育てなければいけないということだ。**経営コンサルタントのピーター・ドラッカーは次のように述べている（スティーブ・キャノンの信条でもある）[※3]。

「**企業文化は戦略を朝食にする**」

このことをメルセデス・ベンツの経営陣は理解している。だからこそ、販売店のリーダーたちを育てるプログラムに投資をしているのだ。

顧客体験の専門のコンサルタントを使うのをやめて、「リーダーシップ・アカデミー」を創設したのは、先手を打つことの重要性を示している。後手に回ってはリーダーの育成はできない（たとえば、年に1度の従業員のエンゲージメント調査で明らかになった問題を解決するなど）。リーダーが必要とするものを予測し、素晴らしい業績を達成する企業文化をつくるために何が求められるかを理解しなければならない。

すぐれたリーダーを育成するプログラムをつくれば、最高の企業であり続け、メンバーを動機づけるためのツールを手にすることができる。

あなた自身が「ブランド・イマージョン・エクスペリエンス」や「リーダーシップ・アカデミー」のような大規模なプログラムをつくる機会はないかもしれないが、いかに従業員に製品に対する情熱とブランドのレガシーを植えつけるかについては考える価値があるだろう。

たとえば、あなたの会社の商品や歴史を実際に体験させる（話を聞くのではなく）にはどうしたらいいだろうか？　あなたの会社では、「サービスとは何を意味するのか」をどう説明すればいいだろうか？

あなたの会社に関わったお客様に、あなたが感じてほしいように感じてもらうにはどんなスキルが必要だろうか？　リーダーの育成を継続的なプロセスとするためにどんなプログラムを実行しているだろうか？　技術的なスキルにもとづいて昇進を決めているだろうか、それともリーダーとしての行動も考慮に入れているか？

また、収益性を維持できるかどうかは、お客様への対応にかかっていることを理解しているだろうか？　もし、理解しているなら、それはチーム全体のエンゲージメントの水準とリーダーのスキルによって生まれたものだろうか？

ＣＥＯのスティーブはメルセデス・ベンツＵＳＡ、メルセデス・ベンツ・ファイナンシャルサービス、販売店のすべての従業員の心と頭とスキルに影響を及ぼすことで、メルセデス・ベンツの改革を進めた。

その結果、「ブランド・イマージョン・エクスペリエンス」などのプログラムに、メルセデス・ベンツＵＳＡ、メルセデス・ベンツ・ファイナンシャルサービスの従業員が開始当時から参加しているのだ。同様に、メルセデス・ベンツの経営陣、シニアマネジャー、マネジャーも、販売店の店長やリーダーたちと一緒に「リーダーシップ・アカデミー」に参加している。

スティーブと経営陣は、上からの命令だけでは企業文化を効果的に変えることができないのをわかっている。必要なのは、**組織にいるすべての人々が、新しい考え方、行動、スキルを理解し、受け入れることだ。**

次の章では、メルセデス・ベンツが、業務フローを効率化して、最高の顧客体験を届ける機会を増やすプロセスを改善し、いかに〝人〟に関する取り組みを進めたかを紹介する。

「最高の顧客体験」を届けるためのキー

◈ジョン・マクスウェルいわく「良いリーダーは勢いを維持するが、すぐれたリーダーはそれに拍車をかける」

◈チームのメンバーの心と頭に届くには、研修は体験中心で、実践的で、記憶に残るものにする

◈従業員のオリエンテーションは通常、会社や仕事についての説明をする。一方、「ブランド・イマージョン・エクスペリエンス」は、「つながり」「意味」「ブランドに対する誇り」「情熱」を伝えるための投資である

◈「お客様にどう感じていただきたいか」「あなたの会社にとって、サービスとはどういうものか」を従業員1人ひとりが理解できるようにする

◈最新の顧客サービスや顧客体験の流行ばかり追わない。組織や人の成長に必要なのは、顧客体験の変わらないフレームワークをつくること（メルセデス・ベンツの場合は、聞く、共感する、価値をもたらす）

◈「ブランド・イマージョン・エクスペリエンス」は、従業員が仕事の意味や背景を理解する助けとなるので、自分より大きなものに献身することにつながる。それは本当の幸福感になる

◈「これを、良いものにするにはどうすればいいか?」と問うリーダーがいる一方で、「これを、最高のものにするにはどうすればいいか?」と問うリーダーもいる

◈「顧客体験の質」は「従業員のエンゲージメントの水準」によって決まる。「従業員のエンゲージメント」は、「企業文化」によって決まる。企業文化は、リーダーの質と育成で決まる

◈リーダーの育成は「1度やればそれでいい」というものではない。人々を動機づけ、業績を達成し続けるためにどうすればいいかを教え、それを実現するためのツールを提供する継続的なプロセスが必要である

◈ジョン・クインシー・アダムズは、「リーダーは人々がより多くの夢を抱き、より多くを学び、より多くを行い、より大きく成長するよう刺激を与えるべきだ」と述べている

Driven to Delight

第9章
「プロセス」と「技術」も顧客の視点で改善する

〝イノベーション〟だけが時代遅れを逃れる保険である。それだけが長期の顧客ロイヤルティを保証する。

ゲイリー・ハメル

ショールームには「テクノロジー」と「理想的な体験」をディスプレイする

「人が優秀でも、プロセスが悪ければ、常にプロセスが勝つ」と昔から言われている。だが、メルセデス・ベンツのリーダーたちは、この教えに背いた。CEOのスティーブ・キャノンと経営陣は、**必要なプロセスは〝人〟が改善することが重要だ**と強調したのだ。

つまり、人が優秀なら、改革の目的（最高の顧客体験を届ける）に合わないプロセスは修正すべきだということである。さらに、ミッションを重視しながら、可能な限り最上の技術を活用することも大事である。

本章と次章では、メルセデス・ベンツで行われたインフラの改善について見ていく。

自動車のショールームについて子どもの頃の思い出はあるだろうか。わたしにとって、自動車のショールームに行くのは恒例行事のようなものだった。

わたしの父は、毎年、新しいフォードが販売店に届くのを楽しみにしていた。風船で飾られた建物に入り、熱心な営業マンに挨拶され、たいがいパンフレットを渡されてから、新しいモデルの車に近づく。父がその年に購入するつもりがあれば、車を試乗し、営業マンと値段を交渉し（紙に値段を交互に書いた）、たいがいは、マネジャーが出てきて交渉を続けた。折り合いがつくと、財務担当者がやって来て、修理・保守整備のオプションをつけるようすすめられ、大量の書類にサインをして、最後に鍵を渡される。何年もたって、わたし自身が初めて車を買ったときも、またその後も、ほとんど同じ体験をした。

販売店での体験が何十年も変わらない一方で、過去数年のあいだに、顧客の行動や購買層は急速に変わった。たとえば、1980年から2000年代初頭に生まれた「ミレニアルズ（Y世代）」は、情報とコンピューターベースのリソースに常にアクセスできる環境で育っている。2025年にはすべての車の購買者の75パーセントを占めることになる彼らにとって、車を買う体験への期待は、わたしたちのものとはまったく異なる。「オートモーティヴ・ニュース」のウェブ記事で、デヴィッド・バークホルツはこう記している。

「（ミレニアルズが）成人に達しようとしている。彼らが求めるのは前世代の人々とは異なり、**透明性があり、テクノロジーを駆使した、交換条件のない買い物である**。[※1] ミレニアルズの消費者は（ほかの世代の大半も同様ではあるが）、価格の透明性、手軽なオンライン取引、アップルストアのようなテクノロジーを活用した画期的な小売店に慣れている。その結果、価格が不透明で、店員が積極的で、テクノロジーを用いていない世界に足を踏み入れると、圧倒されて、いらだちを感じるのだ」

企業規模は大きくないが、テスラモーターズは郊外にあった代理店をショッピングモールへと移して、ショールーム体験をまったく新しいものに変えた。店舗はアップルストアのように、インタラクティブなタッチスクリーンを備えた直販モデルを採用している。

このような変化に対する業界の反発は、マサチューセッツ州自動車ディーラー協会などがテスラに対して訴訟を起こしたことに表れている。この訴訟は、テスラが伝統的な販売店を通じた流通を回避しようとしていることに由来する。テスラはショールームでの体験を「歯医者に行く」よりも低くランクづけすることもあり、ショールームから顧客を離れさせようとしていることも注目に値する。[※2]

メルセデス・ベンツのリーダーたちは、最高の体験を提供するには販売店に顧客を引きつけるのが重要だと早くから理解した。最高の顧客体験を届けるための改革が始まる前から、「オートハウス」への改築プログラム（第1章で説明）によって販売店全体の水準を上げようと取り組んでいた。それに続いて、ＣＥＯのスティーブと経営陣は最新のテクノロジーを導入し、カスタマージャーニーを合理化し、販売店を訪れる顧客の体験をできるだけ快適なものにしようと注力したのだ。

本章で説明する取り組みを、メルセデス・ベンツの顧客は好意的に受け止めている。たとえば、オーナーの1人であるウェンデル・マクバーニーは次のように語っている。

２０１２年にMクラスを買いました。キャデラックの店でSRXを見たときは、そこに４時間もいました。というのも、販売店のニーズではなく、わたしのニーズを聞いてもらうのに苦労したからです。セールスマネジャーに会わされ、サービスマネジャーに会わされ、あの人、この人とたくさんの人に会わされました。話をまとめるのに苦労しました。いや、結局、まとまらなかったんです。あきらめて、メルセデス・ベンツの販売店に行ったら、30分で新しいMクラスを買ってしまいました。

同じくメルセデス・ベンツのオーナーのポール・デヴィッドも述べている。

妻と一緒にどんな車を買おうかとネットで調べました。メルセデス・ベンツは動画をたくさんアップしていて、技術や安全性について知ることができました。動画は人や車、命を守る安全性について伝えていて、心が動かされました。ネットで調べた後、販売店に行って試乗しました。動画は素晴らしかったけれど、それでも車の魅力を十分に伝えていないと思ったからです。

オーナーのスティーブ・レヴィンもネットで多くの情報を得たが、販売店の従業員の姿勢に好印象を抱いたという。

リース契約が切れる2カ月前に販売店から電話があり、「ご来店ください」と担当者に言われて、販売店に行きました。何台か見せてもらって、新しいモデルに試乗しました。30分ほど話をして、2時間後には新しい車を買って店を出ていました。

基本的には、これまでの車とキーを取り替えたようなものです。いい値段を提示してくれたので、強気で値切る必要も、セールスマネジャーを呼ばれることもありませんでした。販売担当者が契約を決める権限を持っているらしい。こんなに早く車を買ったのは初めてです。良い経験をしました。

こうした称賛を生み出した初期のプログラムやテクノロジーについて触れる前に、あなた自身がお客様に提供している体験について考えてみよう。

あなたの会社のサービス環境や製品は「ベビーブーム世代（1946年から1964年生まれ）」「X世代（1965年から1979年生まれ）」「Y世代（ミレニアルズ）」に魅力的に映るだろうか？ 関係する顧客セグメント、とくに長期の成功にとって重要な顧客層の購買行動の変化に合わせて、プロセスやテクノロジーを強化したり、刷新したりしているだろうか？ 異なる顧客セグメントの要求、必要性、要望をテクノロジーで結びつけるようなサービスを提供しているだろうか？

「Y世代」のような大きな顧客セグメントに向けた製品やマーケティング活動に巨額の費用を

投資する企業は多い。だが、製品開発、広告、ソーシャルメディア活動に投資をするものの、顧客と絆を結ぶための体験を創出し、販売する製品の質を反映する環境やサービスやテクノロジーは疎かにされがちである。

2013年、ニュースサイト「ラグジュアリー・デイリー」のエリン・シェアは発売間近のメルセデス・ベンツCLAクラスについて、こう記している。

「メルセデス・ベンツは、店頭表示価格で3万ドルを下回る、若い消費者層向けのCLAモデルを販売する。ターゲットとなる顧客への宣伝活動には、主にソーシャルメディアを使用する」

ターゲットとなる新しい顧客も販売店を訪れるので、メルセデス・ベンツはそうした顧客層を歓迎し、引きつけるような体験を提供しなければならなかった。

メルセデス・ベンツUSAのマーケティング担当副社長であるドリュー・スレイブンは、次のように述べている。

「製品がすぐれていて、顧客体験が素晴らしいものであれば、マーケティングの必要性も少なくなる」

そして、こうつけ加えた。

「アップルは魅力的な、テクノロジーを駆使した顧客体験を創出しているために、消費者市場を明日閉鎖しても、いまと同じくらいにアップルウォッチやそのほかの画期的製品を売り上げることができるはず。**『製品』と『魅力的な体験』が『企業』と『望ましい顧客』とを結びつけているからだ**」

メルセデス・ベンツは、目の肥えた顧客層とつながりをつくるためのプログラム、プロセス、テクノロジーの刷新や改善を進めた。セールス担当副社長であるディトマー・エクスラーは、次のように述べている。

「2つのトレンドが起こっています。**情報の増加と商品の売り込みをあまりしないでほしいというお客様の要望です。**以前は新車の情報は限られていたので、お客様は販売店に来て、詳細を知ろうとしました。いまはどんな情報もネットで調べることができます。ですが、車の特徴や長所を文字で読むのと、実際に体験するのとでは大きな違いがあります。**ある世代の人々は、ネットで読んだり、見たりしたことを体験するために店にやって来ます。彼らは商品の売り込みを好みません。情報を体験に変えたいだけなのです**」

お客様が持つ豊富な情報を、交渉をしない販売やサービス体験につなげるために、メルセデス・ベンツが「どんな」努力をしたかは、とくに自動車業界にいる人の参考になるだろう。「なぜ」「どうやって」そうしたプログラムやテクノジーを用いたかは、ほかの業界でも広く活用できるはずだ。

現場に「権限委譲」したことで起こった変化

「顧客体験を改善するには、さらに人を雇わなければならない」と考えるマネジャーもいるだろう。たしかに、経営陣の要求を満たすには増員が必要だという意見はよく耳にする。一方、メルセデス・ベンツの経営陣は、スタッフの増員は顧客体験を改善するために第一に必要なことだとは考えなかった。

実際、「顧客体験チーム」の創設に見られるように、まず現在いる従業員に共通の使命感を植えつけ、エンゲージメントとブランドに対する情熱を強化して、自発的な努力を促した。そうした従業員が、顧客のニーズの多さに十分に対応できなくなれば、増員が検討される。

メルセデス・ベンツのリーダーたちが、人手不足によって販売店の顧客にタイムリーな対応ができないと判断した2つの事例がある。同社で顧客第一主義の取り組みが進展するにつれ、販売店が提供する顧客体験への期待が大きくなった。売上が伸び、修理の依頼が増えるにつれて、修理部門で起こる複雑な技術的質問に早く答えてほしい、と販売店のほうが本社に要求するようになったため、経営陣は販売店の声に耳を傾け、新たに従業員を採用することにした。

それについて、「顧客体験チーム」のマネジャーであるハリー・ハイネカンプは、次のように述べている。

「販売店から積極的にフィードバックを求めたところ、販売店がお客様により良いサービスを、より効率的に提供するためにサポートをする十分な『フィールド・テクニカル・スペシャリスト』や『プロダクト・テクニカル・スペシャリスト』を派遣していないことに気づいた」

「フィールド・テクニカル・スペシャリスト」とは何だろうか？　たとえば、車の修理をするとき、販売店の修理工がメルセデス・ベンツの作業指示にすべて従ったにもかかわらず、問題が解決しなかったとする。この時点で作業者は主任に対応を依頼する。主任が問題を解決できなければ、問題はメルセデス・ベンツの「フィールド・テクニカル・スペシャリスト」に伝えられる。

「フィールド・テクニカル・スペシャリスト」は問題の根本原因を探り、販売店の修理工と協力して解決する。修理が完了すると、「フィールド・テクニカル・スペシャリスト」は、修理工場の主任や作業担当者に、将来、同様の問題が起こったときに必要となるリソースやプロセスについて説明する。

「フィールド・テクニカル・スペシャリスト」と「プロダクト・テクニカル・スペシャリスト」を比べてみよう。「フィールド・テクニカル・スペシャリスト」が問題を解決できなかったときは、メルセデス・ベンツUSA本社のエンジニアである「プロダクト・テクニカル・スペシャリスト」に伝えられる。問題が複雑な場合、「プロダクト・テクニカル・スペシャリスト」は販売店全体で使われている修理のプロセスを修正するのだ。

販売店からの要望と、複雑な問題に対応する重要性を考え、メルセデス・ベンツＵＳＡは、両方のテクニカル・スペシャリストを増員することにした。販売店は、より多くの技術的リソースを与えられ、修理のニーズにより迅速に対応できるようになったので、顧客も満足させることができ、「リーダーシップ・ボーナス」（第6章で説明）を受け取れる可能性も大きくなった。

メルセデス・ベンツのオーナーであるナンシー・リースは、解決策を見つけるために、地元の販売店がメルセデス・ベンツＵＳＡのチームと連携したときの話を次のように伝えている。

夫がMクラスのディーゼル車を購入し、11月遅くに受け取りました。エンジンをかけるときは問題ないのですが、走り出すとすぐにチョークとアイドリングがおかしくなってしまうのです。車体が揺れ、数分間ガタガタと音を立てて、エンジンが温まると静まります。

ナンシーの夫が販売店に原因の究明を頼むと、販売店はメルセデス・ベンツＵＳＡに連絡をしたらしい。

メルセデス・ベンツＵＳＡは問題を解決するために、ドイツとも話し合ったんです。解決できたら、合衆国環境保護庁を通す必要があったとか。

それから地元にあるウエストチェスターの販売店が、うまく修理できるかを自分たちの車で試しました。そのあいだ、わたしたちのところにも定期的に連絡があり、ほかには問題がないことを確かめてくれました。本当に申し訳ないと思っているのが伝わりました。そして、ようやく修理でき、問題は解決しました。

メルセデス・ベンツＵＳＡの迅速な対応と、顧客にマメに連絡をしたこと、問題の解決、サービスの回復のために誠実な姿勢を見せたことについて、ナンシーは次のように感想を述べている。

こういうのはマイナスの体験になったかもしれないけれど、手続きも、連絡も、十分なものでした。最終的には良い体験になったわ。

メルセデス・ベンツＵＳＡは、同様に「カスタマー・アシスタンス・センター」という顧客が本社に連絡をするときに対応するサポート部門増強のために、予算や人材を追加することにした。最初は「カスタマー・アシスタンス・センター」のスタッフに権限を与え、その後、必要とされる人数を追加したのである。

少し前までは、顧客からの苦情の手紙には「販売店のほうで対処いたします」という事務的な手紙を出すだけだった。この対応は素っ気ないだけでなく、販売店に満足できない顧客をさらにいらだたせることにもなった。当時、「カスタマー・アシスタンス・センター」の顧客サポート部門の責任者を務めていたカレン・マトリは、その姿勢とプロセスの変化についてこう説明する。

「手紙を送るのをやめて、画期的な解決策を提供し始めました。スタッフに事実を精査させ、共感を示し、お客様に情報を与え、必要な合意を取りつけ、創造的な解決策をつくり出したのです」

メルセデス・ベンツのオーナーであるビル・フォークの次のコメントには、スタッフに権限委譲し、協調して解決策を求めるようにした結果、顧客ロイヤルティが強化されたことが示されている。


カスタマーサービスの番号に電話をして、現在のリース契約者に割り戻しか、優遇措置があるかどうかを尋ねました。そうしたら、「ございません」と言われたんです。

それで、ぼくも頭にきて、「これからも客でいたいのに、いまの客とそうでない人との扱いが同じだなんておかしい」と言って電話を切りました。

それから地元の販売店に行って、新しい車の契約をしました。価格にも納得してです。金曜日に車を受け取る予定でした。けれども、その前の水曜日だったか木曜日だったかにメルセデス・ベンツから電話があって、２０００ドルの優遇措置を受けられると知らせてくれたんです。「一生のお客様でいてほしいから」と。

ぼくのために、特別な努力をしてくれたんでしょう。ずっとメルセデス・ベンツの車に乗り続ける、と決めました。次のリースが終われば、また新しい契約をするつもりです。

この対応に「すごい」と思いました。コールセンターに電話をかけたら、本社の人から電話があってこんなことが起こるなんて、偶然じゃないですよね。

このようなことが起こったのは、権限委譲が行われた結果だ。「カスタマー・アシスタンス・センター」のスタッフはビルの要求を解決することはできなかったが、ビルを「サポート」し、これからも顧客でいていただけるよう機転を利かせたのだ。

そうはいっても、顧客のためになるようにする考え方や権限委譲はコストの増加につながるのではないだろうか。わたしの経験からも、企業が顧客の要望やニーズの「グレーな部分」に対応しようとするときに、よく出てくる疑問である。

だが、**顧客体験の改革が大きく進むことで、顧客サポート担当のスタッフは、顧客の早急な**

ニーズと企業の目的やコストとのバランスを保つことを学ぶようになる。最初の対応として金銭的補償をするのが適切であるのはわかっているが、それが過度にならない方法を見つける。顧客のニーズを理解し、何が現実的であるかを知らせたうえで、顧客にも企業にも、双方のためになる解決法を探るのである。

顧客サポート部門のケース・マネジャーであるブランドン・ニューマンは、次のように言う。

「わたしは、すぐれた顧客体験を提供することをまかされています。お客様の話を聞き、販売店の話を聞いて解決策を見出そうとするときは、お客様の要望と、適切なリソースを使ってできることとのバランスを常に保とうと努力します。お客様のために正しいことをすると同時に、会社の資産も守らなければなりません。お金が問題ではなく、お客様の意見を聞き、理解し、大切にしているのが伝われば解決することもあります。お金に関する問題は、公正であること、敬意を払うことが鍵になります。お客様にとって、敬意を払われることが何よりも大切な場合もあるのです。望むものがすべて叶わなくても、**公正な結論に達したと感じてもらえることが必要です**。話を聞き、理解し、共感して公正な解決策を見つけて、お客様の体験を素晴らしいものにしたいと思っています」

「カスタマー・アシスタンス・センター」の顧客サポート部門の責任者であるカレンは、権限委譲はリスクよりも大きな利点があったと言う。

「お客様の問題が、十分な調査と調整のうえで、タイムリーに解決されています。きちんと説明すれば、お客様はわたしたちの善意を理解し、怒りをやわらげてくれます。莫大な費用をかけなくても、すぐに解決策を示せば、とても喜んでくださるのです。わたしは、『カスタマー・アシスタンス・センター』のスタッフの創造的な精神を誇りに思っています。たとえば、購入後8年たった、保険に入っていない車が事故を起こし、何もできることがなかったのですが、スタッフが動物の殺処分撲滅を目指すシェルターに50ドルを寄付することを思いついて、お客様に喜んでいただきました。お客様のペットの犬が後部座席で、素晴らしい8年間を過ごしたからです」

「こちらでは対応できません。販売店にご相談ください」と記された手紙を送るのと、権限委譲されたコールセンターのスタッフが話を聞き、共感し、説明し、画期的な解決法を見つけ、お客様を喜ばせる。あなたがお客ならどちらを選ぶだろうか？　そして、あなたのお客様はどちらを体験しているだろうか？

自分自身だけが楽になるようなプロセスを続けていては、最高の顧客体験は届けられない。お客様があなたのサービスを受けやすいようなプロセスをつくるよう、従業員を導き、権限を与えるべきである。

「顧客のいらだちの解消」は大切なプロセスの改善

顧客優先のプロセスへの変更は、「カスタマー・アシスタンス・センター」に前向きな変化をもたらした。また、販売店でも代車システムに関する方針変更とプロセスの改善が行われた。それによって生まれたのが、「メルセデス・ベンツ・カーティシー・ビークル・プログラム（代車プログラム）」だ。

２０１２年に代車システムが改善される以前は、メルセデス・ベンツの販売店には確定された代車システムがなかった。車を修理に出しているあいだ、メルセデス・ベンツの別の車を貸し出す販売店もあれば、取り扱っている別の自動車メーカーの車を貸し出す販売店もあった。プロセスもさまざまだった。店内に貸し出し用のカウンターがあるところもあれば、別の場所に行かなければいけないところもあった。きれいに洗車され、カップホルダーにペットボトル入りの水が置かれ、ガソリンを満タンにして貸し出される場合もあれば、車の状態などお構いなしにキーだけ渡される場合もあった。

そこで、顧客体験を大きく改善するために、「代車プログラム」が開発されることになった。そのためには、販売店に貸し出し用の車を維持してもらう必要がある。メルセデス・ベンツは既存のリソースを新たな「代車プログラム」のコストの一部に充当し、販売店はメルセデス・ベンツを代表するモデル（エントリーモデルとハイエンドモデル）を準備した。

さらに、持続的に実施できるように、メルセデス・ベンツの担当者がプロセスと手続きを決めた。ガイドラインには販売店が用意するべき車、車を管理するためのシステム、貸し出し時のプロセス、そして貸し出し用の車が中古車として認定されて売却されることが含まれている。

新しい「代車プログラム」は好意的に受け止められた。メルセデス・ベンツのオーナーであるスティーブ・Hはこう述べている。

ビバリーヒルズ・メルセデスのサービス部門は素晴らしいです。定期点検に行ったところ、乗っている車よりもいいものを貸してくれました。新しいEクラスをです。サービスとしても効果的なだけでなく、すでに購入した人に対するマーケティングにもなるでしょう。

新しい「代車プログラム」によって、販売店が提供する体験が均一化された。スティーブ・Hは、これまで考慮の対象外だった新車を買うことになるかもしれない。

新しい「代車プログラム」への移行が成功したのは、これまでの章で論じてきたベースとなるもの（一流の顧客体験を提供するというビジョンの設定、メルセデス・ベンツUSAと販売店とのあいだの信頼関係の確立）があったからだ。

また、新しい「代車プログラム」へ移行できたからこそ、統合されたオンライン・スケジュールシステムである「デジタル・サービス・ドライブ（第10章で説明）」を導入することが可能になった。代車体験を顧客に持続的に提供できるようになったのは、販売店との関係の確立に資金を投じたからこそである。

さらに、先払いのメンテナンスのプログラムも開発された。これは、無料のメンテナンスを提供するライバル企業に対抗して、顧客のニーズを満たすためのものでもある。他企業の真似をするのではなく、「最高の顧客体験を届ける」というビジョンにもとづいたサービスを提供するためのプロセスをつくったのだ。

このプログラムは、選択肢、価格の透明性、価値にもとづくオプション（利用するつど払うよりも30パーセントの節約になる）、異なる運転パターンやさまざまなニーズに応じた契約を求める顧客の要望に対応している。実際のところ、無料のメンテナンスなどというものは名前だけで（車の価格に上乗せされている）、適用除外項目も多いものだ。

そのため、メルセデス・ベンツは、顧客が安心できるプログラムをつくったのである。このプログラムでは、何に金を払っているのかがはっきりとわかり（若い世代はとくにこれを重要視している）、保証されたサービスには自己負担がないことを確約している。

メルセデス・ベンツのリーダーたちには、**メンテナンスにかかる費用を透明化して、前払い**

のオプションを用意すれば、顧客に喜んでもらえることがわかっていた。実際、J・D・パワー社の調査で、このプログラムは、開始以来、ほかの無料プログラムよりも顧客の満足度のスコアが高いのだ。適切な料金を支払って、不安なく車に乗りたいという顧客の要望を叶えた証といえるだろう。

わたしはこのプログラムの開発の姿勢とプロセスが、「アマゾン・プライム・プログラム」に似ていると考えている。アマゾンで買い物をするたびに顧客がいらだちを感じていたのは、送料だ。だが、送料を先払いするシステムによって、顧客はいらだちを感じることもなくなり、送料を節約することもできる。

「アマゾン・プライム・プログラム」によって、顧客ロイヤルティが強化されただけでなく、2014年12月時点の購入額は1人当たり平均1500ドルになったことが、コンシューマー・インテリジェンス・リサーチ・パートナーズによって行われた調査で示されている。対して、プライム・メンバーでない顧客の平均は625ドルである。[※3]

あなたの会社のお客様が繰り返し体験し、不快に感じていることがあるだろうか？　社内で情報共有できるようにプロセスを改善していないために、お客様は繰り返し自分の名前を言わなければならないことに、いらだっているかもしれない。

また、お客様のいらだちを解消し、より良いサービスを提供するために、オプションのサービス（あるいは料金）を追加することができるだろうか？　これはテーマパークのお客様が待ち時間をなくしたり、列の先頭に並んだりするために追加の料金を払う「ファストパス」のようなものだと考えるといい。こうしたプログラムを導入することで、あなたのロイヤルカスタマーの増え方や購買額はどう変わるだろうか？

適切な技術を、適切なタイミングで、適切な人に活用する

メルセデス・ベンツの車が「画期的な技術」というレガシーによって生まれたことは疑いもない。だが、ほんの少し前まで、同社の顧客対応の領域では、テクノロジーがまったくといっていいほど使われていなかった。そのため、顧客のニーズや期待を満たせていないプロセスやテクノロジーを変える必要があった。

販売店のテクノロジーをより一貫性のあるものにするために、２０１０年、メルセデス・ベンツＵＳＡは、「デジタル・ディーラー・ネットワーク」という取り組みに着手した。

それにより、販売店は高解像度のタッチスクリーンのモニターを購入し、店内に置くことに

なった。モニターはメルセデス・ベンツのイントラネットに接続され、製品のビデオを見ることができる。ショールームに設置された大きな対話式モニターよって、販売担当者は顧客を外のカースペースに連れて行ったり、試乗をしてもらったりする前に、一緒に車をつくることができるようになった。

テクノロジーによって顧客のニーズをとらえるのが容易になり、メルセデス・ベンツの車に何を求めているかが理解しやすくなったのだ。さらに、顧客が関心を抱きそうなオプションをすぐに提案することも可能となった。つまり、**顧客のニーズを評価することで、製品を探し、試乗をする前に売ることもできる**のである。

タブレットの技術が発達したことにより、2011年から2012年にかけて販売店にiPadが導入され、「デジタル・ディーラー・ネットワーク」はiPad上のアプリケーションに移行した。また、来店前から購入するための行動が始まっているという顧客が増えたために、「あなたの車をつくろう」というプログラムがメルセデス・ベンツUSAのウェブサイトに統合された。

各販売店は売上高に応じて、決められた台数のiPadを購入するように求められた。iPadは、販売プロセスのさまざまな場面で使われる。導入当時は2つのアプリが用意されたが、さらに1つ追加されて、実質的にメルセデス・ベンツのすべてのモデルに搭載可能になった。販売店では、製品の特徴、なかでも「(危険な車線変更を知らせる)ブラインドスポットアシスト」のような実演するのが難しいものを説明するときに、こうしたアプリを使うようにすすめられている。

販売店ではモバイル技術がすばやく受け入れられ、メルセデス・ベンツUSAから要求された以上のiPadが購入された。J・D・パワー社の調査によると、顧客は販売プロセスでのiPadの使用を高く評価し、こうしたテクノロジーが使われたときは、車により多くの費用をかけることが示されている。

タブレットの導入が成功したことで、この技術はカスタマージャーニー全体に用いて顧客体験を強化しようとしている。

たとえば、アップデートを重ねているメルセデス・ベンツUSAのディーラー・デリバリーは、顧客が車を受け取る際に、メルセデス・ベンツのメリットや車の特徴を伝える。アプリが伝える情報は、顧客が購入したモデルとアクセサリーに限定されたものだ。顧客にとってうれしいのは、新しい車と一緒に撮った写真を最後に顧客に送ってくれることである。メールには、車の特徴のさらなる説明と、メルセデス・ベンツUSAのサイトにある操作法を説明する動画へのリンクがある。このビデオを見れば、さらに多くの情報が得られるのだ。

当時、小売ビジネス開発部門の責任者を務めたクリスティ・スタインバーグは、このアプリの成功について次のように語っている。

「わが社独自の『顧客体験指数』とJ・D・パワー社の『セール満足度指数』の大きな改善につながりました。入手可能な適切な技術を、適切なタイミングで、適切な人々に導入するのが成功の方程式になります」

「入手可能な適切な技術を、適切なタイミングで、適切な人に活用する」というのは、現在でも続いている。


たとえば、ローンや修理に関する体験も、テクノロジーを活用して、アナログとデジタルの境目のない《シームレス》適切なものにしようとしている。詳細は次章で触れるので、ローンと保険（F&I）のアプリによって販売店の処理が効率化され、強化されたかを示す例を1つだけ紹介しよう。

当時メルセデス・ベンツ・ファイナンシャルサービスのマーケティング部シニアマネジャーだったグレッグ・ゲイツは、次のように説明する。

「お客様はとても忙しいので、ローン担当マネジャーの手が空くのを待ちたくないでしょう。iPadのアプリを開発したのは、お客様の時間を大切にするためです。お客様に役立つ情報をはじめ、待つのではなく楽しいこと、少なくても気晴らしになることを提供したかったからです。お客様に口頭で質問に答えていただくのではなく、アプリで情報を得られれば、F&Iマネジャーは、お客様に合ったローンを効率的に組むことができます」

顧客はアプリの使い方を説明され、iPadを渡されて、必要な情報を入力する。ローン担当マネジャーのオフィスに通されたときは、すでに情報が送られ、確認されているので、貸付け、リース、支払い、そのほかのオプションなどをすばやくカスタマイズするのが可能になっている。

メルセデス・ベンツは、販売とサービスにiPadとテクノロジーを使うことによって、短期間のうちに、J・D・パワー社に「業界のリーダー」と認められるまでの変貌を遂げた。新しい設備やプロセス、テクノロジーを導入するのは容易なことではない。とくに、テクノロジーは継続的な改善が必要になる。おそらく、メルセデス・ベンツが取り入れたプロセスやテクノロジーの多くは進化を続け、新たな世代の技術へと変わることになるだろう。

メルセデス・ベンツのリーダーたちは、賢明にも、オープンソースという考え方を広めたティム・オライリーのアドバイスに従っている。ティムは「**新しいテクノロジーの役割は、顧客が望むことをするためのチャンスを生み出すことだ**」と言う。[※4] メルセデス・ベンツでは、テクノロジーがあるから使うのではない。**テクノロジーに精通しているお客様に最高の顧客体験を届けたいから使うのである。**

あなたの会社では、従業員が不適切なプロセスに振り回されていないだろうか？ あるいは顧客第一のための改革に刺激を受け、力を尽くしているだろうか？　お客様に合ったやり方を用意し、あなたの会社と取引をしやすいようにしているだろうか？　お客様の要望を叶えられるようにテクノロジーを最新のものにしているだろうか？

「最高の顧客体験」を届けるためのキー

- ◈イノベーションは、時代遅れにならないための唯一の保険である
- ◈良い人材を悪いプロセスのせいで疲弊させてはいけない。リーダーはビジョンを示し、プロセスを修正し、テクノロジーを活用するよう従業員を導く
- ◈顧客の変化にサービスのプロセスが追いつかないことが多い。既存の、そして新しい世代の顧客のニーズにサービスや製品が合っているかどうかを評価しよう
- ◈テクノロジーを最新のものにする前に、物理的な環境を魅力的なものにしているだろうか？
- ◈スタッフの増員は、必ずしも顧客体験の改善には結びつかない。しかし、サービスやサポートのスタッフを増員しなければ、顧客体験の改善が達成できない場合もある
- ◈顧客体験の改善に大きな影響を与えるのがスタッフの増員ではなく、現在いるメンバーに顧客のニーズの「グレーな部分」に対して、画期的な解決策を示せるような権限委譲をする場合もある

◈スタッフをトレーニングすれば、お客様のニーズと企業の目的とコストの問題をうまくバランスを取りながら、お客様にとっても、企業にとっても〝ため〟になる解決策が生まれる

◈対面サービスのテクノロジーは、従業員の教育、エンゲージメントの強化、サービスのプロセスの迅速化に効果的に活用することができる

◈サービスの過程で、繰り返しいらだちを感じないかをお客様の視点から確認しよう。お客様のいらだちを解消するために、費用を先払いする方法はあるだろうか？「アマゾン・プライム・プログラム」やメルセデス・ベンツの例を参考に考えてみよう

◈テクノロジーのイノベーションを適切な理由で行っているだろうか？　テクノロジーを、お客様の要望を叶えるための機会を生み出すものと考えているだろうか？

第10章
「サービス」も顧客最優先に変える

〝機能する複雑性〟は完璧な働きをするモジュールから、1つひとつ積み重ねてできたものである。

ケヴィン・ケリー

質問のクオリティによって、解決方法も変わる

本章では、メルセデス・ベンツのリーダーたちが、人、プロセス、テクノロジー、システムを連携させることによって、いかに顧客体験を改善し、境目のないものにしたかを見ていこう。顧客体験のコンサルタントであるわたしは、本章で紹介する「人間とテクノロジーによるプラットフォームの一体化」は、すぐれた顧客体験を提供するためには最高のものと考えている。論じるべきものはたくさんあるが、本章ではメルセデス・ベンツの人々が、最高の顧客体験を継続的に届けるために、いかに協力し合ったかについて説明する。

哲学者で歴史家のバートランド・ラッセルは「**当然だと思っていたことに疑問を抱くのは健全なことだ**」と述べている。メルセデス・ベンツのリーダーたちに話を聞いているうちに、同社の顧客体験の改善の行程にも多くの疑問を抱く機会があった。

なかでも2013年にわたしがした質問は、顧客サービス担当副社長であるガレス・ジョイスの記憶に強く残ったらしい。わたしは、ガレスに「これまでに行った変革のうち、斬新的な変革以上に大きな成果をもたらしたのは何か」と尋ねた。メルセデス・ベンツのリーダーたちは将来の顧客体験について考えていたが、いかに同社をこれまでとは異なる画期的な方法で成

長させていくつもりなのだろうか。

適切なリーダーに適切な質問を適切なタイミングですることができれば、画期的な解決方法が現れる。しかし、メルセデス・ベンツほど大々的な革新を遂行した例は見たことがない。

本書の残りの章では、「MBセレクト」と「デジタル・サービス・ドライブ」という画期的な取り組みを見ていく。

顧客の望みにすぐさま応える仕組みづくり——MBセレクト

メルセデス・ベンツUSAの元顧客体験スペシャリストであるティルデン・ドゥエルは、「MBセレクト」について「答えはイエスだ。それで質問は？」という姿勢を前提にした取り組みだという。

当初は、2013年に2つの車の販売をサポートするために始まった。1つはメルセデス・ベンツのエントリーモデルとなるCLA。もう1つは、フルモデルチェンジをした同社のフラグシップモデルであるSクラスだ。

「MBセレクト」の主な要素は、次の2つだ。

1　新車発売開始の重要な時期に毎日集まり、顧客体験を損ないかねない問題を積極的にモニターし（24時間以内に）解決する、部門を超えたタスクフォース

2　CLAやSクラスを購入したお客様に、最高の体験を届けるためのアフターサービスに使う資金源

「迅速な対応」をするこのチームには、実質的に自動車ビジネスに関連するすべての部署から人が集まっている。CEOのスティーブ・キャノン、販売部門担当副社長のディトマー・エクスラー、顧客サービス担当副社長のガレス・ジョイスのほかに、販売部門、財務・保険部門、販売店、「フィールド・テクニカル・サポート」や「顧客体験チーム」の代表などだ。職位は異なっても、立場は対等である。

新車の売り出し期間中、彼らは毎日集まる。ソーシャルメディアの投稿、顧客調査、サービス部門のデータなどを注意深く追い、繰り返し現れる問題はないかと目を光らせる。問題が見つかれば、責任の所在を追及するのではなく、解決策を見つける。

そのため、チームのメンバーは自分の分野に関係する問題について調査し、次の日のミーティングで答えを示す。さまざまなデータ、顧客のフィードバック、販売店や現場のスタッフの意見などにもとづいて、迅速な決断が行われる。

このチームは、異なる分野の知識をまとめあげることができる。そのため、経営陣は顧客や販売店のフィードバックにすばやく対応できるようになる。チームのメンバーはそれぞれの部署を代表しているのではなく、CLAとSクラスの顧客の代弁者なのである。

今日、顧客対応の遅れが多く見られるのは、従業員が処罰を怖れて問題を解決できないからだ。時間は、行為を正当化し、非難を避けるために費やされる。社内には不信感が広がる。ほかの部署は責任がないか、無関係であるかのような態度を示す。

だが、**すばやく、効果的な解決策を見つけるという共通の目的を持つ、部門を超えたチームをつくれば、「組織のサイロ化（組織が縦割り構造になっていて各業務部門の活動が連動を欠いていること）」を打ち破ることができる。**

あなたの会社では、迅速な対応を妨げるサイロ化が起こらないようにしているだろうか？あなたの会社の人々は、長いメールを書いて自分の行動を正当化しようとしているだろうか？それとも、サービス体験を改善したり、サービスの回復に努めるために、互いを非難するのではなく、解決することに集中しているだろうか？

2つ目の要素は、CLAとSクラスの購入客のニーズを満たすための財源を確保することだ。CEOのスティーブは次のように説明する。

「ドイツでSクラスのエンジニアたちと打ち合わせをしたときに言われたのが、どんな製品にも最初は問題がある、ということだった。そこで、『販売開始時に起こる問題に対応し、わたしたちが最高のカスタマージャーニーをつくるつもりであることを、販売店にもお客様にも約束するにはどうしたらいいか』と考えた。何年も前から、すぐに問題を解決したかったので、『メルセデス・ベンツUSAの上層部に問題が伝わるのを待っていられなかった』というお客様や販売店からの声を聞いていた。そのため、『MBセレクト』によって、改善を図ることにした。わたしたちが2週間かけて問題を解決するのではなく、販売店が即座に対応できるよう権限委譲すればいいのではないか、と。よって、SクラスとCLAの販売時に金銭補償措置を組み込むことにした」

スティーブが説明しているように、「MBセレクト」によって、販売店は顧客のニーズに対応したり、顧客体験を強化したりするために、与えられた予算を使うことができる。使用報告書の作成は必要だが、事前に許可を求める必要も、返還の義務もない。つまり、**購入客の体験を強化するために、メルセデス・ベンツの資金を必要に応じて、自由裁量で使う権限が販売店に与えられているのだ。**

こうした資金はどこからきているのだろうか。第3章で説明した戦略的策定のプロセスで、「ロードサイド・アシスタンス・プログラム」の調整により、費用が節約されたことに触れた。それが「MBセレクト」に回されたのだ。また、部品配送の効率化によって削減されたコストも資金の一部になっている。人も予算も限られているので、利益、持続可能性、顧客ロイヤルティを最大化するには、独創的なアイデアが求められる。

迅速な対応を可能にしたチームと金銭補償措置は、CLAクラスやSクラス以外にも導入されるようになった。たとえば､チームは新車の発売時だけでなく､発売済みの車に問題が起こったときにも結成される。チームのメンバーはソーシャルメディアの顧客の声を拾い、販売店や現場のスタッフの意見を求める。また金銭補償措置の裁量権もすべての車に拡大された。

これは販売店にも好意的に受け入れられている。バージニアビーチ販売店のサービスマネジャーであるパット・エヴァンスは、次のように述べている。

『『MBセレクト』は素晴らしいプログラムだ。お客様のために正しいことをして喜んでいただくために、割り当てられた予算を使える。車に問題が起こったとき、こちらの責任でなくても、修理ができるんだ。最高のサービスを提供して、お客様の期待を超えることができるのは『MBセレクト』のおかげだ」

バージニア州アレクサンドリアの販売店のゼネラルマネジャーであるピーター・コリンズは、「MBセレクト」の金銭補償措置を、不運な事故の解決の一部に役立てた例を話してくれた。

「あるお客様が、フロリダ州で購入したCクラスのクーペに乗って長距離を移動中に、車から変な音がしたらしく、バージニア州アレクサンドリアの、うちの店にやって来た。お客様には代車を提供し、修理工は問題を再現しようとテスト運転をしたときに、お客様の車が横から追突されたという。購入後1週間もしないうちに、フロントバンパーがはずれてしまったようだ。お客様はもちろん激怒した。お客様が少し落ち着いてから話をすると、もうあの車はいやだとおっしゃる。リース契約があるので、かわりの車がないかと探したんだが、うちにはなかった。そこで、代車期間を延長して、新しいバンパーをつけて、車をフロリダの販売店に送ることにした。そこで、お客様のために新しい車を用意してもらった。『MBセレクト』が費用を半分もってくれたので、お客様のために正しい対応をすることができたんだ」

「MBセレクト」を活用して顧客を喜ばすことができた例は、毎月、販売店のあいだで共有されている。その一部を紹介しよう。

「お客様のGLKが高速で立ち往生してしまった。お客様は妊娠9カ月に入り、出産前のお祝いパーティ《ベビーシャワー》に行く途中だった。わたしたちはすぐに2人の運転手を向かわせ、代車を届けた。お客様は車内に、メルセデス・ベンツの袋に入ったベビー服、毛布、テディベアがあるのを見て喜んでくださった。わたしたちが急いで販売店のギフトストアで選んだものだ。さらに、お祝いのパーティの場所へフルーツやチョコレートも配達させた。お客様は、一生わたしたちの店とメルセデス・ベンツのファンでいてくださると言っていた」

「先日、初めてのお客様が修理のために店にやって来たので、代車を用意した。お客様の後部座席にはチャイルドシートがあった。セールス担当者によると、4歳の息子がいて、お父さんと同じようにメルセデス・ベンツの車が大好きなのだとか。車の修理はクリスマスの休暇前に終わったので、わたしたちは子どもが乗れる赤いメルセデス・ベンツの車のおもちゃを取り寄せ、ラッピングをして、ショールームのツリーの下に置いておいた。お客様が車を取りにいらしたとき、ツリーの下に息子さんへの贈り物があります、とお伝えしたら、お客様はとても喜んでくださった」

「このあいだ、初めてのお客様がやって来たときのことだ。乗り始めて2日目でCLAのエンジン警告灯が点灯したとのこと。修理を受けつけた後、偶然、販売担当者からお客様の話をうかがった。お客様は購入されるときに、フロントグリルのエンブレムを光らせるようにしたいとおっしゃっていたのが、叶わなかったそうだ。そこで、わたしたちは特注をして、光るエンブレムを取りつけることにした。夕暮れ時に車を届けたら、お客様の顔が星のエンブレムよりも明るく輝いた。わたしたちがお客様の話を覚えていて、それを何も言わずに取りつけたことに感激していた。こうして一生のお客様を得ることができたと感じた」

販売店は「MBセレクト」のリソースと、自分たちが持つリソースを使ってお客様のために

「正しいこと」ができる。また、メルセデス・ベンツUSAの経営陣は、「MBセレクト」を通して、**今日の利益を増やすよりも一生の顧客をつくることが大切である**と強調しているのだ。

このような顧客ロイヤルティへの投資はすぐに収益につながらないことが多いが、例外もある。たとえば、Sクラスを購入したある顧客が駐車場でドアをぶつけてへこませ、修理のために販売店に車を持ち込んだ。当然、修理代金を請求されると思っていたが、修理は無料で行われ、車内にはメルセデス・ベンツのロゴがついたものが飾られていた。販売店が「MBセレクト」の予算を使ったからである。予想外のサービスに喜んだ顧客は、まもなく妻のために、もう1台Sクラスを買った。

だが、「MBセレクト」の目的は短期的な売上を伸ばすためのものではなく、同社が提供する製品の技術や高級感にふさわしい一流の体験を提供するためのものである。**短期的なコストは、顧客ロイヤルティを育てるための長期投資なのだ。**「有言実行」などと言われるように、「MBセレクト」への投資は、メルセデス・ベンツが一流の顧客体験に投資をしていることの証である。

たとえ大規模なリソースを投入することができないとしても、ちょっとした投資で顧客体験は大きく変わる。たとえば、独立系のホテルであれば、スタッフの推薦の言葉を書き入れた近隣のレストランの地図を用意するとか、小売店であれば、買い物客に飲み物を提供するとかいったこともできるだろう。

顧客のロイヤルティや購入パターンを追跡するシステムがあるなら、お客様の購入額に応じてサービスを強化したり、回復したりすることを考えるといい。クリーニング店であれば常連のお客様の家までできあがった洗濯物を届けたり、ギャラリーであれば常連のお客様を内覧会に招待したりすることができる。


お客様に喜んでもらうための投資が顧客優先主義の姿勢を貫く証として、あなたの会社ではどんなことができるだろうか？

人とテクノロジーを融合したサービス――ｍｂｒａｃｅ

第９章では、アマゾンが「アマゾン・プライム・プログラム」の開発によって、いかに顧客が抱える問題を解決し、客単価を増やしたかを述べた。また、２０１３年、同社は「メーデー」というビデオチャット機能をＫｉｎｄｌｅ　Ｆｉｒｅに搭載した。サーシャ・セガンは、『ＰＣマガジン』で、これを最新の技術と人によるサービスの見事な一体化だと評している。

『メーデー』は新しいタブレットの最も目立つ特徴だ。プルダウンメニューから選べば、アマゾンのサポートスタッフがあなたのタブレットをコントロールしながらサポートを行う」

さらに、アマゾンのサポートスタッフが顧客のタブレットをいかに操作するかが説明されている。また、サポートスタッフは質問に答えるだけでなく、おすすめの本やＫｉｎｄｌｅ Ｆｉｒｅで使えるアプリを紹介する。サーシャによると『メーデー』でサポートスタッフを呼び出すと15秒以内でつながる」という。[※1] こうした人とテクノロジーによるサービスの一体化は、メルセデス・ベンツの「ｍｂｒａｃｅ（訳注：エムブレイス。「embrace＝抱擁する」にかけている）」に似ている。

メルセデス・ベンツの車はテレマティクス（電気通信、道路の安全、電気工学、コンピュータ・サイエンスを含む総合分野）の技術を活用し、アマゾンの「メーデー」のような非常用のコミュニケーションだけでなく、コンシェルジュ・サービスのようなものを提供する。２００９年から一部の車には「ｍｂｒａｃｅ」のテクノロジー（安心、安全、トラベルアシスタンス）が使われていたが、２０１３年に新しい世代の技術がすべての車で購入後、半年間使えるようになった。「ｍｂｒａｃｅ」は、問題が起こればメルセデス・ベンツの技術者がロードサービスに駆けつけ、顧客に安心感を与える。また、ボタンを押したり、テレマティクス・システムに組み込まれた自動衝突通知機能が作動したりしたときは救急隊員が駆けつける。

メルセデス・ベンツのオーナーには、以前から「ｍｂｒａｃｅ」のサービスや、スマートフォンでテレマティクス機能を使えるアプリが提供されていた。「ｍｂｒａｃｅプラス」と呼ばれるこのサービスは、テレマティクス技術と、24時間365日のコンシェルジュ・サービスを統合したものである。詳細は同社のサイトの動画で説明されている。

「高級ホテルの素晴らしさの1つがコンシェルジュ・サービスです。このサービスを連れて移動したいと思いませんか？『ｍｂｒａｃｅプラス』はボタン1つで呼び出せるパーソナル・アシスタントです。メルセデス・ベンツの担当者がご旅行の計画から夜の外出のお手伝いなどのリクエストにもお応えします。旅行の予約、イベントのチケットの手配、新しいレストランの予約など、何でもおまかせください。目的地までの地図もナビゲーション・システムにダウンロードします。さらにあなたのアシスタントとして、さまざまなリクエストにお応えします。すぐにはお答えできないことは、調べて折り返しお返事いたします。コンシェルジュ・サービスはスマートフォンのアプリでも使えます。『ｍｂｒａｃｅプラス』は、あなたのお役に立ちます。『ｍｂｒａｃｅプラス』にお命じください」

ロードサービスを電話で依頼するときも、サービスデスクに事故の報告をするときも、ホテルの予約や地図のダウンロードをするためにボタンを押すときも、人による対応が必要になる。たとえば、車に搭載されたテレマティクス・システムではなく、スマートフォンのアプリでロードサービスを呼んだとしても、メルセデス・ベンツの技術者から確認の電話がかかってくるのだ。販売店を探すこともできる。アプリが顧客の場所を探し、接続が確立されると、技術者が向かっているという連絡が送られてくる。アプリが速く、適切に判断し、より効率的な対応をする。

テクノロジーを駆使したこのプラットフォームによって、メルセデス・ベンツのロードサービスの体験は大きく改善された。同様に、顧客がこうしたテクノロジーを使うときは、メルセデス・ベンツのすぐれたブランド体験を提供するために選ばれ、教育されたスタッフとやりとりをすることになる。台本通りにしか話さない海外のコールセンターのスタッフと話をするのとは異なるのである。そのような、メルセデス・ベンツの販売店から派遣されるのは契約業者ではない。

メルセデス・ベンツの正規の販売店で定期点検を受けている車はすべて、同社のロードサービスを利用することができる。優待サービス以外にも、顧客は必要な水準のサービスを「ｍｂｒａｃｅ」を使って選択することが可能だ。

顧客の１人であるチャーリー・デフェリスは、「ｍｂｒａｃｅ」の利点を次のように語った。

厳しい気候のせいで、路面がガタガタになるときがありました。過去３カ月で「ｍｂｒａｃｅ」を３回、利用しました。全部パンクですよ。１度目は空港からの帰り道で、雨がひどかったときです。事故のせいでいつもの道が渋滞していたので、迂回して工業団地に入ったら、パンクしてしまったのです。「ｍｂｒａｃｅ」のボタンを押したら、スタッフに場所を尋ねられました。「わからない」と答えると、ＧＰＳで、ぼくの車を探して、「すぐに行くからそこで待っていてください」と言われました。そうしたらすぐに来てくれたのです。

１カ月後、チャーリーは会議に向かう途中、道路のくぼみにはまった。今回も「ｍｂｒａｃｅ」を通じてロードサービスを呼び、会議のあいだにタイヤを交換してもらった。チャーリーはさらに続ける。

１カ月後の日曜日、妻を乗せて、マンハッタンへ仕事絡みの夕食会に出かけたときのことです。雨が激しく降っていて、八番街でくぼみにはまってしまいました。また、右前輪のタイヤに異常ありとの表示が。タイヤの交換をしなければならないから、今晩の集まりは台なしになるな、と覚悟したとき、「ｍｂｒａｃｅ」を思い出したのです。ボタンを押し、駐車場に車を入れました。駐車場と係の人の名前を告げたら、「ｍｂｒａｃｅ」のスタッフが、後はおまかせくださいと言ってくれたのです。

夕食会が終わって駐車場に戻ると、タイヤが交換されていました。「ｍｂｒａｃｅ」を使うたびに、期待を超えたサービスを受けています。メルセデス・ベンツがますます好きになりました。

2015年8月、メルセデス・ベンツは「mbrace」のシステムをさらにアップグレードした。テレマティクス技術の進歩に伴い、最新のシステムでは、これまでの機能に加えて、車の遠隔操作機能（モバイルアプリやウェブサイトからキーのロック・アンロック、エンジンをかける、冷暖房の操作など）や、販売店からの直接のアドバイス、カスタマイズされたコンテンツなどを受け取る機能が強化された。

それを受けて、メルセデス・ベンツは新たに何百万ドルもの投資をして、新車を購入した人には5年間の無料アクセスを提供し、さらにより充実したコンテンツを提供する有料のオプションも用意した。

あなたのお客様もメルセデス・ベンツのサービスを受けるお客様と変わらないはずだ。便利なテクノロジーを使うことができたら、あなたの会社のことがもっと好きになるだろう。

お客様が助けを必要とするときに、こうした技術によってスタッフに容易に連絡をとることができるようになれば、お客様はあなたの会社とより強いつながりを見出す。象徴的な高級品のブランド企業でなくても、テクノロジーを活用してお客様とのつながりを深めることができる。

あなたは、お客様の期待を超えるテクノロジーを使っているだろうか？

迅速かつ効果的にサービスを届ける仕組みづくり——プレミア・エクスプレス

顧客サービス担当副社長であるガレス・ジョイスは、メルセデス・ベンツUSAのサービスを統合する重要性について、次のように語った。

「わたしたちの車の技術はすぐれている。だが、お客様を大切にし、お客様の時間を無駄にしないようにするのも同じように重要だ。お客様優先の改革のために早期に行ったこと、たとえば『代車プログラム』や『カスタマー・アシスタンス・センター』のスタッフへの権限委譲などをブロックのように1つひとつを積み上げていけば、企業全体のブランド価値へとつながる。『プレミア・エクスプレス』と『デジタル・サービス・ドライブ』は、サービスの提供の最も難しい課題に挑戦しようとするわたしたちの意志と能力を示している。お客様のライフスタイルにふさわしい、効率的で境目のないカスタマージャーニーを提供したい」

「メルセデス・ベンツは、『エクスプレス（時間を短縮する）・サービス』の馬車に飛び乗ったわけではない」と「顧客体験チーム」のゼネラルマネジャーであるハリー・ハイネカンプは言う。「『エクスプレス・サービス』に早急に飛びつくことはしなかった。高級品を提供するのはどういうことかというのも考えたからだ。高級なサービスと迅速なサービスとは相容れないと考えるお客様もいるかもしれない。しかし、お客様の要求とサービスのボリュームを考えると、迅速で、カスタマイズされた、高品質の『エクスプレス・サービス』について考える必要性が出てきた。2020年までに、サービス企業として成長していきたいのであれば、お客様や販売店に迅速に対応する方法を考えなければならない」

「プレミア・エクスプレス」は迅速で、効率的なサービスを提供するために開発された。予約なしで、基本的なメンテナンスを30分以内に完了させる。2014年に試験的に導入され、2015年第1四半期に全米に拡大した。

アフターサービス・ビジネス開発部門のゼネラルマネジャーであるフランク・ディートルは、チームとともに「プレミア・エクスプレス」のサービス・プログラムを開発し、何百もの販売店に導入するサポートをした。試験的な導入以来、顧客維持率は改善している。すべてがこのプログラムのおかげではないが、大きな要因となっているのはたしかだ。

ガレスが述べているように、「プレミア・エクスプレス」の真の狙いは**顧客の時間を尊重することだ**。よって、メルセデス・ベンツの認定技術員や純正部品が用意できない国内のクイックサービスの企業を使うのではなく、新しい人材モデルと業務フローが策定された。「プレミア・エクスプレス」のサービスを提供する販売店は、基本的な「メンテナンスに専念する2人の技術者のチームを置く。顧客は予約なしに来店し、車種や修理間隔や無償の洗車をするかどうかなどによって変わるものの、30分~70分以内にサービスを終えて帰ることができる。業務フローの変更は簡単ではなく、コストはかさむが、顧客の満足度は改善し、約束した時間内にサービスを終える能力が強化された。

さらに、より高い技術を持つ（コストの大きな）技術者に、定期的なサービスではなく、より難しい（コストがかかる）修理をまかせたために、業務フローの効率化が進み、それによってコスト効率も改善した。言ってみれば、「プレミア・エクスプレス」は、スターバックスの「モバイル・オーダリング」や「モバイル・ペイ」のようなものだ。注文の列に並ぶかわりに、顧客はモバイル機器を使って事前に支払いができるのである。

メルセデス・ベンツの「プレミア・エクスプレス」やスターバックスの「モバイル・オーダリング」を参考にして、あなたの会社でも、お客様の時間を大事にするための「エクスプレス・サービス」を考えてはどうだろうか？

業務フローの合理化によって販売店のコストも削減できれば（代車の必要性が減るなど）、安いサービス提供業者との競争に勝てるような価格を設定できる。

あなたの会社でも、業務フローの効率化によって、コスト削減ができないだろうか？

「プレミア・エクスプレス」によって、メルセデス・ベンツの顧客にはより迅速なサービスという選択肢が、販売店にはコスト削減と顧客を引きとめるという利点が生まれた。販売店にとっては、引きとめたり、取り戻したりした顧客を、一生の顧客に変えるチャンスになる。

つまり、単なるオイル交換のためでなく、ロイヤルカスタマーに将来、車や部品を購入してもらったり、修理を依頼されたりするためのサービスを考え抜いてつくるべきだということだ。もちろん、サービス部門にとっても、ロイヤルカスタマーとの関係を構築するチャンスが多くできることになる。

サービスは統合されることで、連動して機能する――デジタル・サービス・ドライブ

「デジタル・サービス・ドライブ」はメルセデス・ベンツが顧客体験を届けるためのプロセス、テクノロジー、人によるサービスを最高の形で統合したものである。テクノロジーを活用することで、メルセデス・ベンツが満たすべきサービスの基準となるとともに、さまざまなサービス体験を1つにまとめあげることができる。

「デジタル・サービス・ドライブ」の主な要素は、次の通りだ。

- オンラインサービス予約。スマートフォンやタブレット、コンピュータを使って、顧客が修

理の予約を取り、代車の手配をする。予約に先立って、顧客情報を自動的にアップデートする

・「サービス・ドライブ・タブレット」によって、サービスアドバイザーが起票、修理履歴の確認、検討、顧客情報の収集、代車契約の手続きを行う。顧客は車を降りずにこうした手続きができる

・ステータス情報を顧客が選んだ機器に自動的に送る。顧客に修理の状況をわかりやすく知らせる

・フレキシブルな支払いを可能にする

・「オンライン・ペイメント」によって、電子メールで請求書を送り、顧客はいつでも都合の良い方法で支払いができる

・「アクティブ・サービス・レジ」によって、サービスアドバイザーがタブレットを使い、支払いのプロセスを完了する。顧客は支払いのためにレジへ行ったり、列に並んだりする必要がなくなる

「デジタル・サービス・ドライブ」も顧客満足度の改善に役立っている。顧客に選択肢を提供すると同時に、プロフェッショナルなイメージを伝えることができるのに加え、最新のテクノロジーに十分な投資をしていることを示せるからだ。顧客にとっては、手続きが簡単で便利に

なり、時間を節約できるという利点がある。

「デジタル・サービス・ドライブ」は、変化する顧客の期待に対応するために開発された。アフターサービス・ビジネス開発部門のゼネラルマネジャーであるフランク・ディートルは、次のように述べている。

「『デジタル・サービス・ドライブ』は、わたしたちとのやりとりにテクノロジーを使うのを好むお客様の生活に合ったツールを提供するために設計された。こうしたお客様は、やりとりにテクノロジーを使えるかどうかでブランドを決める。お客様すべてがテクノロジーを使うわけではないが、その数は増えている。**今日、お客様の多くは手軽な方法と、そのためのアプリを求めている。**基盤となる顧客が変化しているのだ。ザッポスやスターバックス、ドミノ・ピザが設定しているような高い基準で、わたしたちもサービスを評価される。人とプロセスとテクノロジーを統合している企業に遅れをとらないだけでなく、わたしたちも先頭に立ちたいのだ。『デジタル・サービス・ドライブ』は最先端の技術で、業界の新たな基準になるだろう。一流の顧客体験を提供する企業にふさわしい投資と行動だと考えている」

あなたの投資と行動は、一流の顧客体験を提供する企業に匹敵するものだろうか？　メルセデス・ベンツの場合も、リーダーたちが優先事項とするまでは、顧客体験提供に必要な暗号を解くことができなかった。

本書を読んでいる人にとって、「顧客体験」はすでに優先事項になっているはずだ。優先事項を実践に移すには、メルセデス・ベンツの「MBセレクト」「mbrace」「プレミア・エクスプレス」「デジタル・サービス・ドライブ」のように、人とプロセスとテクノロジーを統合する必要があるだろう。

本書を通じて、メルセデス・ベンツの人々が顧客優先の変革を起こすために行ってきたことを学んだと思う。その結果はすでに第1章で伝わっていると思うので、次の章では最高の顧客体験を追求することによって実現した、メルセデス・ベンツの顧客中心主義と、それによる経済効果との関係を説明する。それは「そもそも、この大改革を行う価値はあったのか？」という疑問に対する答えになるだろう。

「最高の顧客体験」を届けるためのキー

◈最高の顧客体験を届けるには、人とテクノロジーを統合するプラットフォームを開発して、お客様の体験を境目のないものにする

◈お客様の問題に全社をあげて取り組むには、部門間の壁を越えたチームをつくり、メンバーが直接顔を合わせて顧客のニーズに迅速に対応する必要がある

◈一生のお客様をつくることは、今日の利益を増やすよりも重要である

◈最高の顧客体験を届けるには、すぐれたテクノロジー、境目のないプロセス、情熱を持って働く人々が必要だ。お客様の人生を幸せにし、お客様の時間を大切にするためにも

◈業務フローをお客様のニーズに合わせて再設計すれば、効率化できることも多い。効率化によってコストが削減できれば、お客様のためになるだけでなく、企業の競争力も強化される

◈どんなテクノロジーを使っているかによって企業を選ぶお客様が増えている。すなわち、お客様の多くはアプリを使った手軽なやりとりを望んでいる。

Driven to Delight

第11章

一時的な「成功」ではなく、持続的な「成長」

大いなる努力が、大いなる繁栄を生む。

エウリピデス

一流を目指す取り組みは、一流の基準で測らなければならない

ここまでメルセデス・ベンツのリーダーたちが最高の顧客体験を届けるために、さまざまな要素を統合する取り組みを見てきた。だが、あなたはこんな疑問を抱いているかもしれない。「努力の結果、目標は達成されたのだろうか？　人材や時間や資金を大規模に投資して、売上や利益という形で実を結んだのだろうか？　最高の顧客体験を届けるための改革はお客様にとって喜ばしい結果になったのだろうか？　メルセデス・ベンツは顧客優先の努力をいかに評価するのだろうか？」

また、自分の会社を振り返ってこうも思うかもしれない。「提供している顧客体験の質をいかに測ればいいのだろうか？」

ＣＥＯのスティーブ・キャノンのようなリーダーは、**改革の取り組みについて「成功」という言葉を使いたがらない。なぜなら、これから先もさらに多くの「成長」の機会があるからだ**（第12章参照）。しかし、改革の様子を間近で見てきたわたしは、メルセデス・ベンツのリーダーたちが企業文化を大きく変え、提供する顧客体験を劇的に改善したのは間違いないと考えている。

本章では、同社の最高の顧客体験を届けるための改革が同社独自の「顧客体験指数」や、第三者の基準でどのように評価されているかを見ていく。また、販売店、メルセデス・ベンツUSA、メルセデス・ベンツ・ファイナンシャルサービスの従業員の考えにも迫る。

NBAの元スター選手であり、上院議員であるビル・ブラッドリーは「**野心は成功への道である。忍耐はそこに到達するための乗り物だ**」と言っている。[※1] スティーブと経営陣は、唯一無二の「一流の、最高の顧客体験を届ける企業になる」という野心的な目標を設定した。そして、忍耐強く取り組んだ結果、一流の、最高の顧客体験へとたどり着いた。

売上よりも大事なもの

第3章で説明したように、メルセデス・ベンツの経営陣は、顧客体験の改善を、同社の長期的な成長のビジョンと結びつけた。最も高く評価されるブランドとして、顧客ロイヤルティを最大化し、新車の売上では他社をリードし、ダイムラーAGのなかで最も収益性を伸ばして、従業員のエンゲージメントを強化する。

もちろん、ブランドの評価、収益性、顧客ロイヤルティの改善、売上シェアの独占を達成するには、さまざまな要因が必要である。製品の好ましさ、品質、最先端のテクノロジー、画期的なマーケティング、ファイナンスなども重要だ。だが、何よりも主要な業績評価の指標の少なくとも一部は、販売店を訪れた顧客の体験によって決まる。

本章では、顧客が同社のブランドに抱く好感度とロイヤルティについて考える。まずはメルセデス・ベンツUSAの売上高と、改革の過程で従業員が示したエンゲージメントの水準について見ていこう。

2012年の高級車市場では、メルセデス・ベンツUSA（27万4134台）も、ライバルのBMWノースアメリカ（28万1460台）も、2011年からの売上2桁増の記録を達成している。[※2] 2013年、メルセデス・ベンツはBMWを抜き、2012年から14パーセントの売上増の31万2534台でアメリカの高級自動車市場で首位に輝いた（BMWは9パーセント増の30万9280台）。[※3] 2014年は、BMWが盛り返し、どちらも記録的な売上を示した（BMW33万9738台、メルセデス・ベンツ33万391台）。[※4]

メルセデス・ベンツは高級車市場で一方的な勝利を収めているわけではないが、レクサス、アウディ、ジャガー、インフィニティ、ランドローバー、キャデラック、リンカーンといった乱立する高級車メーカーのなかでリーダー的なポジションに立ち、毎年BMWとアメリカの高級車市場のトップの座を巡って熾烈な争いを続けている。

この結果について、メルセデス・ベンツUSAの販売部門担当副社長であるディトマー・エクスラーは、次のように語っている。

「お客様はBMWより売上が多いという理由で、わたしたちの車を買うわけではありません。売上競争に勝つことは自動車業界の記者やそれぞれの企業の経営陣にとっての関心事です。**わたしたちにとって売上は大事ですが、お客様にとっては車の品質や、わたしたちのブランドを代表する者の対応が大事なのです**」

顧客が受けるサービスや対応は販売店の収益に直結し、メルセデス・ベンツに大きな影響を与える。メルセデス・ベンツUSAの財務・経理部門担当副社長であるハラルド・ヘンは、次のように言う。

「お客様のエンゲージメントが販売店の利益に連動しているという、たしかなデータがある。メルセデス・ベンツへの影響はもう少し複雑だが、当社は毎年10パーセントの売上増を目指している。サービスを看板にする企業文化への改革や、国の平均を超える従業員のコミットメントがそうした成長の一因になっている」

メルセデス・ベンツの従業員のコミットメントやエンゲージメントの水準、そのほかの健全性は、自動車業界では抜きん出ている。同社は改革の過程で、企業文化や従業員のエンゲージメントを評価され、さまざまな賞を獲得した。2014年には、『フォーブス』誌の〝働きたい会社ベスト100〟に5年連続で選ばれるなど、職場環境の良さも認められている。※5 同年5

月には、ウェブサイト「NJBIZ」より「ニュージャージーで最も働きたい企業」のうち4位に選ばれた。[※6]

CEOのスティーブ・キャノンは、「売上」「従業員のエンゲージメント」「顧客体験」を戦略的な優先事項とした結果、相乗効果が起こったのではないかと考え、こうも述べている。「今年も好調な売上を続けているが、モンベルにある本社の従業員、パッシパニーとロビンズビルにある支社の従業員の献身的な取り組みがあってこそだ。彼らの製品に対する情熱と卓越した顧客体験を創出することへの注力は、当社のビジネスにとって何より重要なことである。**成長し続けるには、まず素晴らしい職場環境をつくらなければならない**[※7]」

売上や顧客に関する評価指標に加えて、第5章で紹介した独自の「顧客体験指数」でも、販売やサービスの分野での顧客満足度が大きく改善している。

2013年と2015年の販売部門における「顧客体験指数」は、950から970（最大値1000）へと大きく伸びている。同様に、サービス部門でも20パーセントの伸びを示した。

リアルタイムに測定した顧客の満足度やエンゲージメントが大きく改善したのは、本書で記した**「人」「プロセス」「テクノロジー」に対する取り組みが、購入やメンテナンスサービスにおいても明らかにポジティブな影響を与えたためだろう。**多くの顧客のフィードバックによる同社の評価指数は、J・D・パワー社などの重要な業績評価の指標とも一致している。

「顧客体験」を改善した結果、もたらされたもの

率直に言って、J・D・パワー社の業績評価の指標はメルセデス・ベンツの経営陣にとっては、頭痛の種だった。第5章で述べたように、J・D・パワー社の指数は販売とサービスの満足度を示すと同時に、ランキングの順位は市場に対する強いメッセージになる。だが、CEOのスティーブ・キャノンいわく、同社は高級車市場で2007年には「屈辱的な22位」、2012年でさえ「6位という平凡な結果」に終わった。

顧客体験を改善するための改革は、J・D・パワー社の満足度調査で1位になることが目的ではないものの、ランキングが取り組みの進み具合を裏づけるのは間違いない。一流の顧客体験の提供者と認められるためにも重要である。

よって、2014年の終わりにJ・D・パワー社が、「セールス満足度指数」を発表するときの期待は大きかった。2012年は6位、2013年は5位だった。2014年は、タッチポイントのマッピング、リアルタイムにお客様の声をヒアリングする戦略、顧客優先の企業文化に対する投資、プロセスの改善、テクノロジーの導入などによる効果を測るには最適なタイ

ミングだった。

その結果を、CEOのスティーブ・キャノンが販売店に向けたレターによって紹介しよう。

「販売店の皆様、1位獲得おめでとうございます。2014年に、メルセデス・ベンツの24年間の歴史のなかで初めてJ・D・パワー社の『セールス満足度指数』で1位になれたことを誇らしく思います。『素晴らしい。見事だ！』としか言いようがありません。メルセデス・ベンツUSAの経営陣と従業員全員を代表して、『世界で最も素晴らしい顧客体験を提供する企業になる』というわたしたちの目標を受け入れてくれたことを感謝します。わたしたちは一緒に、また一歩前進しました。この賞は、販売店の皆様1人ひとりの努力に対して与えられたものであり、その決意と献身に心から感謝します。そして、いつも最高の顧客体験を創出するために尽力してくれたことに感謝します。昨年の5位から33ポイント改善して1位への躍進は、業界においても、メルセデス・ベンツの歴史においても素晴らしい記録になります。2位を12ポイントと大きく引き離すことができました。すべてのカテゴリーで100パーセントの伸びを達成するという快挙も成し遂げました。この結果を誇りに思い、販売店の皆様でも喜びを分かち合ってほしいと願いますが、アクセルを踏み続けることを忘れてはいけません。ライバルも必死に後を追ってくるでしょう。しかし、忘れてはならないのは、わたしたちのお客様はこれからも『最高でなければ意味がない』サービスを受けるにふさわしい人たちである、ということです』

2014年には、J・D・パワー社の「セールス満足度指数」以外でも高い評価を受けた。[※8]「全米顧客満足度指数」の自動車部門で2年連続の1位となった。[※9]これは他業界では、リッツ・カールトンと肩を並べることになる。さらに、2013年、2014年とも、アマゾン、ノードストローム、アップル、スターバックスなど名だたるサービス企業にも引けをとらない結果を収めた。[※10]「全米顧客満足度指数」のこうした評価は、メルセデス・ベンツが自動車業界ですぐれた顧客体験を提供してきた結果である。また、ほかの業界ですぐれた顧客体験を創出している企業に並ぶ一流の顧客体験を提供していることを示してもいる。

調査会社であるIHSオートモーティブ社による「ポーク・オートモーティブ・ロイヤルティ・アワーズ」は、自動車登録やリース契約のデータに反映されるリピート客の行動分析にもとづいて与えられる。この賞を与えられたブランドは、〝ロイヤルカスタマーが最も多い企業〟として認められたことになる。2013年と2014年、高級品市場でメルセデス・ベンツはさまざまなカテゴリーでこの賞を獲得した。[※11]

メルセデス・ベンツの顧客がブランドに忠実なのは、車の操縦性、スタイル、品質、安全性に加えて、オーナーとしての体験といった要素が理由である。しかし、アクセンチュア・グループなど、顧客維持の専門家の調査によると、製品のためではなく、販売や修理のプロセスでそうした気持ちが失われることも多いという。アクセンチュアの「顧客維持を最大化する」という報告書にはこう記されている。

「顧客離れの原因を特定するのは難しい。さまざまなやりとりのうち1つでもマイナスの面があれば、それが原因になることもある。**長期にわたって顧客維持率を改善するには、すべてのやりとりにおいて、顧客体験をより良いものにしなければならない**[※12]」

重要なタッチポイントにおける顧客体験の改善に注力した結果、顧客とのやりとりにおける失敗が減り、「ポーク・オートモーティブ・ロイヤルティ・アワーズ」で評価されるようなロイヤルティを高めることにつながった。

ほかにも2015年のパイドパイパー社の「プロスペクト満足度指数」で、メルセデス・ベンツの販売店は7年連続1位になった。この指標は、覆面調査員によって行われた販売のプロセスの評価によって決まる。[※13]同様に2014年、「ウィメン・ドライバーズ・ドット・コム」で自動車ブランドとして1位に選ばれたほか、J・D・パワー社の「顧客サービス指数」でも大きな改善を見せた[※14]（第12章参照）。

あなたの会社の主要な業績評価の指数、独自の顧客体験の評価、第三者の機関による顧客体験の評価に改善が見られたら、顧客や関係者の気持ちをとらえている証である。

メルセデス・ベンツUSAにとっては、それらはロイヤルカスタマーがさらに車を買ってくれること、販売店が顧客を喜ばせるサービスを提供することを意味する。

改革の成果を最も表すのは「お客様の声」

受賞や業績評価指数の改善はメルセデス・ベンツの顧客第一主義の改革の成功を示しているのは間違いないが、その一方で、より重要なのは、顧客や関係者の声による定性的な評価である。世界でもトップクラスの顧客体験を提供するという同社の決意に恥じない、英雄的行為とさえいえる素晴らしいサービスの例が報告されている。そうした例は、リッツ・カールトンが宿泊客のために格別な努力をする（洗濯するシーツに紛れ込んでしまったかもしれないお客様の指輪を探すために、大型洗濯機を分解するなど）話と似ている。

メルセデス・ベンツの例では、複数の販売店が協力して、単なる顧客体験以上のものを提供した話が多い。メルセデス・ベンツのオーナーであるアレクサンダー・ブラストスはこんな話をしてくれた。

ダラスからニューハンプシャーへ戻ろうと運転していたときに、メンフィスの近くで嫌な音がし出したんです。金曜日の午後４時でした。メンフィスの販売店に電話をすると、「閉店は５時ですが、お待ちしております」と言ってくれました。

アレクサンダーは、販売店が彼1人のために待っていてくれただけでなく、ノイズの原因がわかったときの対応にも驚かされた。

技術者によると、「非常ブレーキが作動したらしい」ということでした。けれども、わたしの車は馬力と回転力があるので、そのブレーキを痛めてしまったようでした。

販売店はニューハンプシャーまで運転して帰って、そこで修理することにしても大丈夫だという判断を下した。だが、それだけでは終わらなかった。

まず、夜遅かったので、メンフィスで宿泊する部屋を取ってくれました。それから、「うちで応急の修理をすることもできますし、もし別の方法で帰るほうが安心ならば、車をニューハンプシャーまで移送します」とも言ってくれたのです。

アレクサンダーは、メルセデス・ベンツの販売店の心づかいについて、こうも述べている。

営業時間後も対応し、ホテルの部屋を予約し、修理や旅の不便をできるだけやわらげようと

してくれる自動車会社はほかにはないです。どれも素晴らしいサービスでした。

おそらく営業時間外に対応しただけでも、アレクサンダーは喜んだことだろう。ホテルの部屋を予約したことは、彼の期待を超えた。そして、彼の話を聞き、共感を示し、車を移送するといった選択肢を用意することで、「最高の顧客体験」が提供されたのである。

お客様に喜んでいただくのは、ちょっとしたコストや努力で実現できる。たとえば、他社が対応しない、あるいは「ノー」と答えた要望に「イエス」と答えるだけでいい。メルセデス・ベンツのオーナーであるドナ・ポンピオはこんな話をしている。

車を修理に出したとき、後部座席に毛皮のイヤーマフラー（耳あて）を置きっ放しにしてしまったの。そんなに高いものではないですが、たしか50ドルくらい。でも、車が修理から戻ってきたとき、それがなくなっていたので、車から降りるときに落としたのかと思って販売店に問い合わせたんです。そうしたら、驚いたことに、イヤーマフラー分の小切手をくれました。こんなこと、ほかの販売店ではしてくれません。

あまり費用をかけることなく、顧客に「イエス」と答えるためには何ができるだろうか？

とくに業界内で求められる基準を超えて、顧客を驚かせるにはどうしたらいいだろうか？ **お客様は必ずしもモノを望んでいるとは限らない**。集中して注意深く対応するだけでも喜んでもらえることもある。

メルセデス・ベンツの熱心な顧客であるポール・デイヴィスは、次のように言う。

販売担当者が、時間をかけてわたしの車のすべての面を検討してくれました。これまで25台の車に乗ってきましたが、これほどのことをしてもらったのは初めてです。丁寧で、知識が豊富で、かつ慎重で、プロフェッショナルな対応がこんなにも大きな違いを生むのには驚かされます。

顧客対応に秀出た「製品コンシェルジュ」やスタッフを選び、トレーニングすれば、顧客にとっては初めてとさえ言えるような素晴らしいサービスの瞬間をつくり出すことができる。

メルセデス・ベンツに届く顧客からの手紙にはポジティブなものが増え、**顧客のことを考えた対応をすることで、顧客の子どもたちの気持ちもつかんでいる**。顧客の1人ブルース・タンジの手紙を紹介しよう。

メルセデス・ベンツ様
ロードサービスの担当者にお礼を言いたくて手紙を書いています。わたしは御社の生涯のファンになりました（まだ2000モデルしか乗ったことがありませんが）。ペンシルバニア州フィラデルフィアのブロードストリートの追い越し車線を走っているときに、車が故障しました。そのとき17歳になろうとする娘が同乗していました。8ブロック先の野球場に向かっていて、フィラデルフィアには土地勘がありませんでした。
フィリーズ対レッドソックスの試合に30分遅れ、右も左もわからない南フィラデルフィアで待っていたところ、ロードサービスが到着しました。彼らは丁寧で、やさしくて、親切でした。何の心配もないようにすべてを手配してくれたうえ、牽引担当の方も素晴らしかったです。チェリーヒルの販売店（わたしがいつも使っているところではありません）には本当にお世話になりました。
こうした素晴らしいチームがあるのは、御社にとって若いファンを獲得するのにも役立つでしょう。わたしの娘はいま携帯の番号をメルセデス・ベンツにちなんだものにしていて、わたしはそれをほほえましく感じています。格別のことをしてくださってありがとうございます。究極のドライビングマシンがあるとしたら、究極のサービスチームもあるはずです。ありがとう、メルセデス！

顧客がライバル企業のキャッチフレーズ（たとえば、自動車メーカならば、ＢＭＷの「究極のドライビングマシン」など）をもじってあなたのサービスをたたえたら、また「永遠の顧客」になったと言われたら、それはあなたの改革が正しかったという証明でもある。

「良い体験」と「最高の体験」はまったく違う

プラトンは「**人間の行動は、欲望、感情、知識の3つから流れ出る**」と言った。[※15] メルセデス・ベンツのリーダーたちは、全社の従業員と販売店のスタッフの、顧客に喜びを感じていただきたいという欲望に火をつけた。

そして、従業員やスタッフは、すぐれた顧客体験を創出することによって生まれる感情、とくに目的に向かって仕事をすることに喜びを見出した。さらに、人、プロセス、製品、テクノロジーを通じて、顧客に喜びを感じていただくために必要なツールと知識を提供した。

「欲望」「感情」「知識」という流れは、販売店でも顧客中心のための行動に変化を起こす際に重視された。本章で見てきたように、変化が正しかったことは、定量データにも、顧客の声のような定性データにも表れているが、果たして販売店のスタッフ自体は自らの行動が変わったと感じているのだろうか。

第10章では、「ＭＢセレクト」の一部は、販売店が顧客を喜ばせるための金銭的な補償に使われることを説明し、コストについて考えるだけでなく、長期的な顧客ロイヤルティを育てるためのリソースに投資する重要性を見てきた。ある意味、「ＭＢセレクト」は、組織が顧客のことを考えるだけでなく、個々のやりとりにおいて「ライフタイムバリュー《顧客生涯価値》」を優先するきっかけとなったのである。

メルセデス・ベンツの販売店で行われた、顧客ロイヤルティを育てる行動を３つ紹介しよう。

「先月、２０１４年のSクラスを購入したお客様の話です。オーバーヘッド・コントロール・パネルのコンパートメントが開かないとのこと。部品は10月21日に手配し、11月15日に納入される予定だった。それを知らせようと電話をかけたところ、お客様が翌日にマイアミビーチ・ゴルフ・クラブでゴルフをする予定だということがわかった。そこで、コーラルゲーブルズの販売店の同僚に、そのクラブまで５００ドルのギフト券を買いに行ってもらうことにした。マイアミビーチ・ゴルフ・クラブのどんなサービスにも使えるものだ。お客様の家を訪れて、ご不便をおかけしていることと、部品がまだ届かないことを謝罪し、ギフト券を手渡した。お客様は、コーラルゲーブルズの販売店の謝罪と、個人的な心づかいをとても喜んでくださった」

「Y氏は2013年のS550から2014年のS550を、行きつけの販売店であるアストーグ・モーターズで交換し、新しい車に興奮していた。ところが、シリウスのラジオを新しいSクラスにつけ変えるには、1時間15分待たなければならない。Y氏は新しい車が用意できるのを、アクセサリーショップを見ながら待っていた。それをゼネラルマネジャーがひそかに見ていた。Y氏はオールシーズン用のフロアマットを見たり、メルセデス・ベンツのダウンベストを試着したりしたが、何も買わなかった。Y氏が去った後、ゼネラルマネジャーは、マットとダウンベストを持って修理工場へ行き、Y氏のSクラスを見つけて、ダウンベストを座席に置き、マットを敷いた。車を受け取ったY氏は、ショップで見ていたマットとダウンベストが車内にあるのに気づき、感激して店内に戻り、お礼を言った。さらに販売担当者に電話をしてこう言った。『きみたちは本当に素晴らしい。だから、ほかの2つの店を通り越して、きみたちのところへ行くんだ』」

「車を修理に持ってくるお客様は忙しい方が多い。あわてて店にやって来て、問題をアドバイザーに説明して、代車の契約をして、またすぐに忙しい日常に戻る。カフェでコーヒーを飲んだり、食事をしたりする時間もないようである。そこで、お客様を驚かせるサービスを用意しようと、『朝食エクスプレス』というのを始めた。ベーグル、ロールパン、デニッシュ、果物、コーヒーをカートに入れてお客様がアドバイザーか代車のコーディネーターを待っているあいだに、好きなものを選んでいただく。それを袋に詰めてお渡しすれば、お客様が後から召し上がることができる。忙しい方には境目のないサービスが喜ばれるようだ」

あなたのブランドを代表する人々が、お客様を満足させるだけでなく、喜ばせるようなサービスを提供できれば、すぐれた顧客体験を提供する企業の仲間入りができるだろう。

「良い体験」と「最高の体験」の違いは、実用的な価値が高く、心を動かすサービスが提供できるかどうかによって決まる。気持ちのつながりを築く忘れられない体験を常に創出するよう、従業員を導けるリーダーは少ない。たまにはお客様を喜ばせることができたとしても、悪くない程度の体験を提供し続けるだけでも難しいものだ。

自らが喜びを感じていなければ、お客様にも届かない

メルセデス・ベンツは、前向きで刺激的な職場をつくるなど従業員のエンゲージメントを高めるために継続して取り組んでいる。

第7章で述べたように、従業員のエンゲージメントの調査のプロセスやエンゲージメントの水準を改善するためのツールを提供したことによって、販売店の従業員のエンゲージメントも

改善した。最高の顧客体験を届けるための改革によってどのような影響を受けたかをメルセデス・ベンツの従業員に聞いてみよう。

「わたしたちのブランドに対するお客様の期待は常に高い。お客様には、いま、そのときに期待されている体験を提供しなければならない」

「わたしたちは、お客様の声を聞き、共感し、価値をもたらし、お客様に喜びを感じていただくためにいる」

「自分が喜びを感じなければ、お客様を喜ばせることはできない。この会社で働くことを誇りに思うし、チームのみんなも毎日、喜びを体験しながら出勤し、変化を起こそうとしている」

最高の顧客体験を届けるための改革によって生まれたポジティブな効果は、本社や現場で感じられるだけでなく、販売店でも起こっている（これは顧客対応に関わる従業員だけでない）。たとえば、次のコメントもそうだ。

「これまでお客様には十分な対応をしていると思っていた。だが、ここ何年かで気づいたのは、自分たちが楽になるために多くのことをやってきたのだということだ。いまはお客様を中心にするのがどういうことかがわかるようになった」

「『お客様を喜ばせたいと思っている』と言うのは簡単だが、メルセデス・ベンツはこの言葉を販売店のわたしたちや、お客様にとって現実にした。どんなお客様にも、どんなときでもこれが実践できるのをうれしく思う」

「販売店も変わった。わたしは事務方なので自分を顧客体験の提供者と考えたことはなかった。だが、いまは違う。お客様の話を聞き、共感し、価値をもたらし、お客様に喜びを感じていただくのはみんなの仕事だと考えるようになった」

企業文化を変える取り組みが定着すれば、ビジネスパートナーも影響を受ける。メルセデス・ベンツ・ファイナンシャルサービスの社員の声を聞いてみよう。

「メルセデス・ベンツの取り組みを見ていると、お客様だけでなく、同僚への対応も改善しようという気持ちになる。彼らがハードルを上げたので、わたしたちもハードルを上げざるを得ない」

メルセデス・ベンツのリーダーたちと一緒に改善に取り組んだ者として、「顧客優先のための同社の情熱にはたしかに感染力がある」とわたしからも言っておこう。

成功は満足感を生み、カスタマージャーニーは終わったかのように思うかもしれない。ところが、メルセデス・ベンツのリーダーたちは満足していない。それを示すために、同社の未来を見てみよう。

第12章では、同社のリーダーたちが、これからも顧客中心の改革を進めるために設定した野心的な目標を見ていく。

「最高の顧客体験」を届けるためのキー

◈顧客体験は、定量的にも定性的にも測定が可能である。投資した時間やリソースは主要な業績指標、独自の顧客体験評価、他社による顧客満足度調査、顧客やスタッフの話、従業員の考え方などに表れる

◈顧客体験を届けることができたかどうかは、社内や社外のさまざまなデータから読み取る必要がある

◈顧客ロイヤルティはもろく、製品のせいではなく、販売やサービスのプロセスで適切な対応を欠いた結果、失われることがよくある

◈アクセンチュアの調査結果にあるように、顧客が離れていく根本的な原因を明らかにするのが重要である。お客様との接点でネガティブな顧客体験を提供したためであることも多い

◈素晴らしい顧客体験を提供する企業文化に変わると、伝説的なエピソードや日常的なサービスでお客様に喜んでいただいた話が生まれる。伝説的なサービスには、多くのスタッフが知恵を振りしぼってお客様の期待を超えたエピソードもある。日常的なサービスには、お客様が「ノー」

と言われるのを覚悟していた注文に、スタッフが「イエス」と答えたといったものがある

◈すぐれたリーダーはそうしたエピソードを集めて、チームのメンバーを刺激するために共有する

◈お客様が「良い答えをもらえないだろう」と思っているときに、「イエス」と答えられるような費用対効果の高い方法を考えよう

◈すぐれたリーダーは、サービスによるコストを超えた、長期にわたるチームのロイヤルティを育む

◈あなたの会社を代表する人々が、お客様を満足させるだけでなく、感動させたり、サプライズとなる体験を届けるようになると、一流の顧客体験を提供する企業の仲間入りができる

◈顧客中心の企業文化に変わることで、従業員のエンゲージメントも高まり、自分たちの会社に対する気持ちも変化する

◈あなたの会社の企業文化が変われば、関係者や取引先にも良い影響を与える

◈顧客中心の企業文化を創造する歩みを止めてはいけない。消費者の行動は常に変化し、テクノロジーは進化する。お客様にとって適切な体験を提供するためには、短期的、長期的な戦略を組み合わせていかなければならない

Driven to Delight

第12章

顧客体験とは、「走り高跳び」のようなもの

進歩と成長がなければ、改善、達成、成功といった言葉には意味がない。

ベンジャミン・フランクリン

期待を超え続けるためには、目標も常に改善していく

2015年2月の「オートモーティブ・ニュース」の記事は、2014年のJ・D・パワー社の「セールス満足度指数」調査で高級ブランドとしてトップにランクづけされたメルセデス・ベンツUSAが、CEOであるスティーブ・キャノンを中心に販売店の販売プロセスの改善をさらに促進していくつもりであることにまず触れている。※1

そして、業績上位の販売店の刺激となるプログラムを提供し続け、下位の販売店には自費で改善のための研修を受けるよう求めるとも。販売店は、J・D・パワー社にコンサルタント料を払って、アクションプランの策定、販売とサービスのスキルの開発、顧客のケアとフォローアップを支援してもらうということである。

このことについて、「顧客体験チーム」のゼネラルマネジャーであるハリー・ハイネカンプは、次のように述べている。

「販売店が手数料と『リーダーシップ・ボーナス』の両方を獲得できるようにするのが目的だ。下位の販売店にもトップグループについていってもらいたい」

販売店の修理部門にとっても改善は重要であり、仕事ぶりの一部はJ・D・パワー社の「顧客サービス指数」で評価される。第11章で論じたように、「顧客サービス指数」は着実に改善されている。それでも、「セールス満足度指数」ほどではなかった。

スティーブ・キャノンがCEOに在任中の「顧客サービス指数」の評価は、2013年10位、2014年8位、2015年7位である。スティーブは最近の評価について、販売店の店長へのレターで次のように述べ、メルセデス・ベンツの全体的スコアは上位5位の企業と、最高の1000点のうち4点しか違わないことを伝えている。

「この結果は、わたしたちの努力によって1位を獲得するという究極の目標に近づいていることを示している」

また、最新の「顧客サービス指数」調査の結果には、前向きな面が多く見られる。たとえば、大半のカテゴリーで改善を見せたことだ。

「とくにサービスアドバイザーの評価は9位から6位に上昇した（上位4位と1点差）」とも述べている。定期的なメンテナンスサービス（メルセデス・ベンツの修理部門の68パーセントを占める）は8位から3位になり、修理サービスの顧客評価は9位から7位になった。サービス時の対応におけるタブレットの使用に関しては、業界のリーダーとして顧客から評価されている」

最大のライバルであるBMWと比較しても満足のいく結果が出たことは、この言葉からもわかる。

「BMWを大きく引き離すことができた。同社は2014年にはわたしたちと同じ順位だったが、毎年、後退している」

もう1つの勝利は、17年間で初めて、高級品ブランド市場の平均値を上回ったことだ。さらに、J・D・パワー社版の「ネット・プロモーター・スコア（NPS、顧客の推奨による評価）」で3位になった。これはJ・D・パワー社の「顧客サービス指数」で1位を狙う同社を勢いづけた。

メルセデス・ベンツUSAの顧客サービス担当副社長であるガレス・ジョイスは、J・D・パワー社の「顧客サービス指数」の結果をより広い視野でとらえている。

「『顧客サービス指数』の結果でわかるように、お客様はわたしたちのサービス体験が改善していると考えている。また、J・D・パワー社の調査の結果は、市場にいる人々の記憶に長く残る。つまり、時計の長針のようなものだ。わたしは現在の順位は気にしていない。2万8000人が働く370の販売店で行われる年に220万回のやりとりを積極的に改善しようとしていた12カ月前の結果だから。きちんとした評価が出るまでには時間がかかる」

メルセデス・ベンツにとって何よりも素晴らしいニュースは、J・D・パワー社のデータによって、同社はこれからも改善し続ける可能性が高いと示されたことだ。たとえば、予約、サービスのプロセスで顧客の時間を大切にする、修理の経過を報告する、支払いプロセスの合理化などがある。これに対して、スティーブは次のように述べている。

「とくにそうした分野で、人、プロセス、テクノロジーに焦点を当てた取り組みを行っている。『ブランド・イマージョン・エクスペリエンス』や販売店の従業員のエンゲージメントの調査、『プレミア・エクスプレス』『デジタル・サービス・ドライブ』が導入され、市場でも効果を見せ始めている。その結果、こうしたプログラムの利点も、将来の調査で明らかになるだろう」

ガレスは「プレミア・エクスプレス」などのプログラムが販売店にすばやく導入されたのを次のように喜んでいる。

「2014年に12カ月以内に販売店の半分で『プレミア・エクスプレス』に取り組み始めた。その結果、180以上の店で実現できた。これは、わたしたちの企業文化が最高の顧客体験を届ける改革へと向かっていることを示している。ライバル企業でも同じようなプログラムを試しているが、うまくいっていない」

ガレスは、顧客体験を改善するための戦略を迅速に実行できたことが、同社の将来にとって強みになると考え、さらに次のようにも述べている。

「販売店のいくつかは当初、抵抗を示していたが、初期から取り組み始めた販売店の顧客体験や利益が大きく改善するのを確認した。たとえば、『プレミア・エクスプレス』を初期から取り入れた店のなかには、若い技術者を育てるのにそれを活用しているところもある。おかげで、やる気がある人を雇って、技術を伸ばすことができた。『プレミア・エクスプレス』は、お客様に適切な体験を提供し、販売店には収益を伸ばす基盤を提供し、技術者不足のなかですぐれた人材を雇用することを可能にした」

顧客にとっても、販売店にとっても、ブランドにとっても役立つプログラムだったために、迅速な導入と調整が達成された。

今後の「デジタル・サービス・ドライブ」の導入について、ガレスはこう語っている。

「スターバックスやマンダリン・オリエンタル・ホテル・グループのようになるには、すぐれたデジタル技術を有していることを示す必要がある。9カ月後には、これまでにはなかったプラットフォームを販売店に導入する。既存のテクノロジーを使ったツールを提供する企業はたくさんあるが、境目のない統合的なサービスを提供するには、わたしたちが必要とし、求めるものをすぐに実現できる業者を見つけなければならなかった。『デジタル・サービス・ドライブ』によって、わたしたちがお客様のニーズに対応するためのソフトウェアを開発できることを示せる」

将来、販売店の報酬の一部は、「デジタル・サービス・ドライブ」によるサービスをいかに実現したかによって決まるようになる。

さらに、「顧客体験チーム」は社内評価のプロセス（第5章で説明した「顧客体験指数」）も改善していく。「顧客体験チーム」のゼネラルマネジャーであるハリー・ハイネカンプは次のように説明している。

「社内の評価については進歩が止まっていたので、２０１５年に、お客様にする質問とそのウエイトを変えた。そうすることで、販売店はお客様が改善を望んでいる部分に集中できるようになる。それには、タイムリーなフォローアップなども含まれている。これまでは、容易に達成できるものから取り組んできたが、今後は、より大きな課題に取り組み、社内と社外の両方の顧客体験の指数を改善していかなければならない」

そのため、これまでとは異なる行動に注力するだけでなく、顧客のフィードバックを得るプロセスも改善される。現在のプロセスは、車を買ったり、修理を受けたりした顧客にお礼のメールを送るときに、調査票を送ることを知らせていた。ハリーによると、このプロセスが変更されるとのことだ。

「変更の前提にあるのは〝**知らなければ改善できない**〟ということだ。すべてのお客様が問題を指摘したり、わざわざ知らせてくださったりするわけではないので、問題があればそれを解決し、埋め合わせをしたいことを知らせる必要がある。そのため、調査票の結果に応じて、さらに短いメールを送ることにした。問題があったのがわかれば、『販売店からはその後の連絡があったでしょうか？』とお客様に聞く。それから『問題は解決しましたか？』と尋ね、『ご家族やご友人にその販売店を推薦しますか？』と聞く。こうした質問によって、ネット・プロモーター・スコアが計算できる。最後に『何かお役に立てることはありますか？』と質問する」

また、将来、顧客のフィードバックに応じて支払われる報酬の割合も2倍に拡大する予定だ。フィードバックはウエイトを再調整した社内評価（顧客体験指数）と、最終的に問題が解決したかどうかという顧客の回答とネット・プロモーター・スコアを組み合わせたものになる。

つまり、販売店の将来の報酬は、顧客とのやりとりの評価、ロイヤルティ、アドボカシー（支援）によって決まるのだ。「顧客体験チーム」のゼネラルマネジャーであるハリーは次のように述べている。

「販売店の報酬の一部をアフターサービスによって決めるつもりだ。〝還元モデル〟を導入することにより、お客様のニーズにしっかりと対応している販売店に報いることができるようになる」

この変更は段階的に行われるとハリーは言い、さらにこうも。

「最初はお客様への対応の評価によって報酬が決まったが、今後は、アフターサービスやクレーム対応、謝罪、保証などの評価も含めていく。ロイヤルティやアドボカシーを十分に評価したものになるだろう。また、業績評価も改良する。いまは新車の売上だけを評価しているが、今後は認定中古車や、非認定中古車の売上も評価される。中古車を買うお客様も、わたしたちにとっては大事なお客様だ」

「顧客体験」とは走り高跳びのようなものかもしれない。2メートル10センチを跳べたかと思うと、バーが2メートル20センチに上げられる。メルセデス・ベンツはサービス改善のための行動目標を定め、データを使って進捗を測定し、それを達成する。目標に到達すれば、顧客のニーズを満たし、期待を超えるために、さらに新しい目標を設定する。今度は顧客との関係の健全性やサービスの回復を評価に含めるために、バーをより高くするのである。また、対象となる商品も拡大される。

マーケティング担当副社長であるドリュー・スレイヴンは、〝最高〟を求め続けることについてこう述べている。

「誰かに『いつ顧客体験の改善というミッションが達成できたと思えるのか？』と尋ねられたら、**『達成できたと思えるなら、この仕事を理解していないことになる』と答える。ゴールはない。プログラムの内容以上に、顧客への姿勢が何より重要なのだから**」

あなたの会社は、バーを高く設定して、従業員の考え方を変えるために何をしているだろうか？　お客様に提供する体験を改善し続けるために目標を設定し直しているだろうか？　お客様からのフィードバックを得て、満足度、エンゲージメント、ロイヤルティを評価する方法を磨き続けているだろうか？

メルセデス・ベンツはさらに、強みを確立するための新しい手法や研修、「メルセデス・ベンツ・

ウェイ」への再挑戦、顧客との関係を管理する戦略の導入を予定している。次に、その詳細を見ていこう。

リアルとネットの境目をなくす

メルセデス・ベンツは「ブランド・イマージョン・エクスペリエンス」と「リーダーシップ・アカデミー」に大きな投資をし、研修とパフォーマンス担当のチームは、こうした画期的なプログラムを開発するために注力してきた。今後は、「CDA（キャリア・ディベロップメント・アカデミー）」と呼ばれるキャリア開発カリキュラムが導入され、チームは「メルセデス・ベンツ・アカデミー」へと発展する予定だ。

素晴らしい顧客体験は、エンゲージメントが高く、豊富な知識を持つ有能なスタッフによって創出される。そのため、販売店の従業員のキャリア開発も見直され、すべての従業員が、「ベース」「スター」「マスター」の認定を受けるための学習プログラムに参加することになった。販売店の従業員には、四半期ごとに、最新の製品知識を身につけ、一流の顧客体験を提供するために必要なスキルを伸ばすために、こうした資格の再認定を受けることが求められる。

メルセデス・ベンツは、「メルセデス・ベンツ・アカデミー」を、販売店に多くの情報を伝える研修機関ではなく、従業員1人ひとりが強みを確立し、認定されたスキルとして身につけられるような場所にしたいと考えている。

販売店の従業員が単に良い仕事をするだけでなく、製品知識と顧客体験を提供するスキルを学んでプロフェッショナルとしてのキャリアを築くのをサポートすることで、従業員のエンゲージメントを最大化するのが狙いである。

また、製品に対するエキスパートの育成にも注力する。顧客の最も望んでいることは「豊富な知識のある従業員からサービスを受けること」だと多くの調査によって示されているからだ。それは「製品コンシェルジュ」の育成に取り組んできた理由でもある。

CEOのスティーブ・キャノンは2014年の全米販売店会議で、この複数日にわたる研修プログラムに販売店から選ばれた従業員を参加させることを発表した。1年目の1600人の参加者は、製品購入時や受け渡し時に、顧客に製品の説明やPRをしたり、販売店で顧客の質問に答えたり、製品の診断を行ったり、ほかの従業員を教育したりする。その多くはiPadのアプリを使って行われる。

このことに関して、スティーブは次のように述べている。

「アメリカで導入された『製品コンシェルジュ』は、ダイムラーAGの世界的取り組みへと発展した。競合メーカーの1つも〝プロダクトジーニアス〟という同様の役割をつくったようだ。

だが、〝プロダクトジーニアス〟が示しているのは従業員個人のことであり、お客様は考慮されていない。『わたしを見てください。わたしはあなたより賢い。わたしは天才だ』と言っている。『製品コンシェルジュ』はそれとは異なる。メッセージは『何でもご用命ください』ということだ。ちょっとした違いだが、わたしたちがつくり上げようとしている企業文化がしっかりと反映されているように思う」

将来は、ネット上の情報と実店舗の環境を境目なく結びつけるための研修が必要になるだろう。ふだんネットで買い物をしているお客様に実店舗に来てもらうようにする場合もあれば、逆に、修理やメンテナンスサービスのために実店舗に来たお客様にネットで買い物をしてもらうようにする場合もあるだろう。

あなたの会社では、お客様のネット上での体験と店舗での体験を境目なく結びつけるためにどのような研修をしているだろうか？　従業員の製品知識を最大化し、顧客対応のスキルを伸ばす機会を従業員に与えることで、将来の顧客体験の成功へつなげることを考えているだろうか？　あなたの会社の研修は知識を伝えるものだろうか、それともスキルを育成し、認定するものだろうか？

「違い」をつくることが、独自の「強み」を生み出す

第7章で述べたように、2013年、メルセデス・ベンツのリーダーたちは、同社独自の販売とサービス体験を提供する「メルセデンス・ベンツ・ウェイ」を導入しようとした。

独自のすぐれた顧客体験を提供する企業（マンダリン・オリエンタル・ホテル・グループやノードストローム）を参考にするために、そうした企業が提供する顧客体験に関するビデオも作成した。そのビデオは、メルセデス・ベンツ流の顧客体験を定義する最初の一歩だった。だが、まもなく、それが時期尚早であることがわかり、同社は基本的なサービス提供の改善へとエネルギーを向けることにした。

その後、顧客体験の改善が進んだことにより、同社はふたたび独自の顧客体験を提供する道を模索することに決めた。まず、過去に顧客から得たストーリーを見直した。なかでも最高のストーリーが、「メルセデス・ベンツ・ウェイ」にふさわしい販売とサービスの体験としてビデオに収録された。それにはお客様の目から何が起こったかを語るだけでなく、販売店のリーダーたちがいかに素晴らしい体験をつくり出しているかも含まれている。

たとえば、カリフォルニアのある夫婦の話がある。修理のために車を持ち込んだ妻が、サービスアドバイザーにこう言った。

「もし、イヤリングが落ちているのを見つけたら教えてください」

サービスアドバイザーと技術者は、依頼された車の整備を行っただけでなく、座席を車からはずしてイヤリングを探し出した。イヤリングを見せられた妻は涙を流した。イヤリングは夫からの贈り物で、大事な思い出があったのだそうだ。

ビデオではこうしたストーリーがいくつも紹介され、誰でも、いつでも、どこでもこうした顧客体験が創出できることを伝えている。

顧客サービス担当副社長のガレスは、「独自の体験を定義できるようになったのは、改革が実を結んだことを反映している」と言う。

「2年前、販売店の人々を前に『メルセデス・ベンツ・ウェイとは何かを考えましょう』と言った。2日間のワークショップが終わった時点で、期待していたようなものができなかったのがわかった。お客様に一貫した体験を提供するためのプロセスやテクノロジーを整える必要があったし、独自の体験を考える前に、従業員に目的意識を与える必要があった。それがまだできていなかったのだ。そこで、『リーダーシップ・アカデミー』『ブランド・イマージョン・エクスペリエンス』、従業員へのエンゲージメント調査、従業員のエンゲージメントを改善するための取り組み、『DaSHプログラム』などが実施された。すべてはわたしたちのビジョンである、『最高の顧客体験を届ける』ためである。最近、お客様が体験した話を聞くと、それが『メルセデス・ベンツ・ウェイ』だと気づくようになった。それが「違い」をつくり出すことができた瞬間なのだ」

改革の初期に行われた、最初の全社的な研修「Driven to LEAD」では、メルセデス・ベンツのリーダーたちは、同社独自の顧客体験を創出するための研修を開発したいと考えていた。その後、「メルセデス・ベンツ・ウェイ」とはどういうものかを、顧客が体験する行動という観点から考えるようになった。それは、顧客のウォンツ、ニーズ、ライフスタイルをより深く理解するための機会となる。さらに、「1人ひとりがいかに顧客に接するかが重要であるか」を販売店の従業員が理解することにも焦点を当てる。それぞれが持つ能力や機知を活かすべきことが強調されるのだ。

あなたの会社独自の顧客体験とはどのようなものだろうか？　それを実現するためのツールの開発に投資をしているだろうか？　お客様はあなたの会社の販売やサービス体験についてどう語っているだろうか？　お客様のエピソードは、あなたが独自の顧客体験をするためにどのような見識を与えてくれるだろうか？

未来のサービスも「お客様のために」から生まれる

わたしはメルセデス・ベンツの多くのリーダーたちから、顧客体験の未来について話を聞き、「デジタルサービス」と「ゴールデンレコード」（同社で真の顧客体験管理システムの進化を表す表現）は同社の最も有望で刺激的なビジョンだと考えている。このビジョンを可能にするには、人、プロセス、テクノロジーのすべてが重要になる。

まず、同社の未来の顧客体験に必要な、基本的な追跡システムの変更から説明しよう。現在、メルセデス・ベンツは多くのデータを車両識別番号（ＶＩＮ）に関連づけている。ＶＩＮは顧客ではなく、車両と結びついている。これを近い将来、アップルのアップルＩＤと似たようなシステムに変える。アップルＩＤは1人ひとりの顧客が使う製品やサービスを記録しているからだ。

顧客ＩＤがＶＩＮと関連づけられれば、メルセデス・ベンツは同社の車に搭載される予定のテレマティクス機能をよりうまく活用できるようになる。この技術によって顧客、販売店、メルセデス・ベンツ、ブランドがより密接に結びつくことが可能になるのだ。

CEOのスティーブ・キャノンは、この結びつきが大変革をもたらすことになると説明する。「企業文化を変えるだけでなく、**企業文化とプロセスとテクノロジーの組み合わせを変えようとしている**。すべてお客様のためだ。将来、車とライフスタイルがより深く交わるようになるだろう。さらに、テレマティクス技術によって、カスタマイズ、遠隔アップデート、移送サービスを組み込めば、お客様とのつながりはより強固になる」

スティーブはさらに続ける。

「お客様がどのように車を使うか、走行距離はどのくらいになるのか、ブレーキパッドがどれほど速く消耗するのかを知ることができるようになるだろう。それがわかれば、先を見越してお客様とその車に対応することができるので、販売店とお客様との関わりが強化される」

顧客に合った便利なサービスをカスタマイズすることもできるわけだ。スティーブはこうも言う。

「顧客サービスに秀でた企業は、お客様を第一に考えている。お客様と定期的にやりとりがあれば、それを示すのがよりスムーズになる。たとえば、スターバックスのバリスタは毎朝、お客様と顔を合わせるので、笑顔で対応しながら、お客様の名前、ドリンク、カスタマイズを覚えたりすることで、お客様に感謝の気持ちを示すことができる。お客様と頻繁に接することが、お客様のエンゲージメントを強化しているのだ。メルセデス・ベンツでは、そういうチャンスはない。だが、将来は、お客様と直接つながり、これまでになかったやり方でお客様のニーズを予測できるようになるだろう。車が販売店に状態を知らせ、販売店のほうからお客様に連絡をして来店いただき、必要なメンテナンスや修理をする。また、車に搭載されたソフトウェアのアップデートも遠隔操作で行う。ｉＰｈｏｎｅのアップデートと同じだ。こうしたことが実現されようとしている。だが、**お客様のことを大事に考える企業文化がなければ、こうした技術的投資の対価を最大化することはできない**」

顧客サービス担当副社長のガレス・ジョイスは、メルセデス・ベンツの未来の顧客体験について、次のように語っている。

「すべての販売店がお客様のロイヤルティを高めるためのビッグデータを活用することになる。それによって、お客様が過去に車を何台買ったか、修理した履歴、どこの販売店を使っていたかもわかる。さらに、社内評価のデータも含まれるので、これまでの車や販売店との体験がどのようなものだったかもわかる。燃料の残りが少なくなれば、近くのガソリンスタンドを知らせることもできるだろう。パンクをしたことがわかれば、お客様が問題に気づく前に、ロードサービスを派遣することもできる」

ガレスは、さらに続ける。

「診断データが車から販売店に送られ、修理が必要なことを知らされ、予約を取れるのを想像してみてほしい。受け取ったデータから修理に必要なものがわかれば、事前に部品を手配し、お客様が修理のために販売店にやって来るのを待つことができる。お客様が到着したときは、データがあるので、問題を診断する必要がない。お客様はやって来て、必要であれば用意しておいた代車に乗って、すぐに帰ることができる。このように『デジタル・サービス・ドライブ』を超えるもの、つまり販売店で提供するサービスを統合するデジタル・チャネルをつくり出すことができるだろう」

車自体がサービスの必要性や顧客の好み、運転パターンを知らせるというのは魅力的だが、課題や不安がないわけではない。プライバシーの問題にはどう対処するのだろうか。メルセデス・ベンツに旅行先を知らせたいだろうか。自分の好みに合わせた製品の売り込みをしてほしいだろうか。

メルセデス・ベンツは、顧客の希望や快適さを尊重しながら、こうした問題に取り組むつもりでいる。スマートフォンのアプリが位置情報を送信していいかどうかをユーザーに尋ねるのと同じように、顧客がこうしたテクノロジーを使うかどうかを選択できるようにする。ガレスはこうも言う。

「お客様に受け入れられるペースで進めていく。まず、お客様の生活に価値をもたらす製品とサービスを実現するための説得力あるビジョンを描き、それから問題や導入の速度について考える。すべてが、本物の顧客関係の「カスタマー・リレーションシップ・マネジメント（CRM）」

につながる。多くの企業がCRMについて語っているが、じつはそういったものはCRMでも何でもない。本物のCRMとは、日々、お客様のために意味のある活動を続けることだ。お客様の生活に価値をもたらすことだ。わたしたちにはまだまだやるべきことがある。いまも、その未来に向かって走り続けている」

車や修理を受ける立場として、あなたはデジタル技術による販売やサービス体験をどう考えるだろうか？　あなたは将来の顧客体験の提供について、同じようなビジョンを抱いているだろうか？　変化の激しい時代に、お客様に最適な体験を創出できるだろうか？

「最高」を求める改革は続く

メルセデス・ベンツUSAの本社がニュージャージー州モンベルからジョージア州サンディスプリングスへ移転することになった。アトランタ州ハーツフィールド・ジャクソン・アトランタ空港に近い12エーカーの敷地に立つ最先端の設備を備えた施設について、CEOのスティーブ・キャノンは次のように説明している。

「メルセデス・ベンツは由緒あるブランドであり、それにふさわしい環境が必要だ。わたしたちの目標はすぐれた自動車メーカーになることではない。世界でもすぐれた企業になることだ。アトランタはそのための基盤となる」

大規模な移動にはよくあることだが、メルセデス・ベンツＵＳＡの従業員の多くはニュージャージー州から動かないことに決めた。そのため、経営陣は同社の企業文化に合った人材を雇用し、すぐれた顧客体験を提供する重要性を理解してもらうように教育した。

また、これまでの改革を進めてきた勢いも維持しなければならなかった。財務・経理担当副社長であるハラルド・ヘンはこう述べている。

「こうした移転は大きな打撃になりかねないが、これまで人や企業文化に投資してきたことが報われた。従業員のエンゲージメントの水準と顧客第一の考え方のおかげで、移転は速やかに行われた」

建物ができ上がるまで、しばらくは臨時オフィスが使われたが、完成した本社は、〝最高〟を求める同社に見合ったものになった。販売店に「オートハウス」の基準を満たすような改築、従業員の育成と研修、テクノロジー基盤の改善を求めたように、メルセデス・ベンツＵＳＡも外観や雰囲気、テクノロジー基盤、オフィス環境を改善した。

新しいメルセデス・ベンツＵＳＡの本社は、美しいだけでなく、将来の技術的ニーズに対応し、最高の顧客体験を届けるために十分な設備が整えられている。

「最高の顧客体験」を届けるためのキー

◈改革を実現するには、「上位のものを刺激」し、「そのほかのものには要求」することが必要である

◈コアコンピタンスはすべての企業にとって未来の成功のために必要なものである。コアコンピタンスには、プログラムの設計と導入、そうしたプログラムをお客様のニーズや関係者のメリットに合わせることも含まれる

◈顧客中心のブランドは、「顧客体験の質を測る内部の評価基準」を常に改善することで築かれる。そのための改善は、目標とする行動に、より多くのウエイトを置き、業績に応じた報酬を与え、お客様のフィードバックを得るタイミングと手法を改善し、対象となる製品を拡大していくことで進んでいく

◈お客様は豊富な知識を持つサービス担当者を望んでいる。未来志向で、顧客第一主義の組織は、製品知識と顧客体験のスキルの両方を身につけるようにする

◈企業のベクトルは従業員に「教えること」から、従業員が「学ぶこと」へ変わっている。この変化は、お客様はもちろん従業員自らの人生を豊かにするスキルが重視されるようになったことが反映されている

◈他社と一線を画すには、独自の顧客体験を定義する必要がある。お客様のストーリーはあなたの会社がどのような体験を提供するかによって変わる

◈お客様が体験したエピソードを集めれば、すべての顧客のために、すべての機会にそうしたすぐれた体験を創出するようチームのメンバーを刺激することができる

◈お客様との関係をマネジメントするには、製品ではなく、お客様1人ひとりを識別するべきである

◈CEOのスティーブ・キャノンが言うように、「すぐれた顧客体験を提供するブランドはお客様に集中している。そのためには、まずお客様とのつながりを増やすことである」

◈テクノロジーと人によるサービスを統合した顧客体験を描くことで、あなたのビジネスを時代の変化に合ったものしよう。また、お客様の安心感や要望に合わせたペースでテクノロジーを活用し、開発することが求められる

Driven to Delight

終章

「最高の顧客体験」に向かって走り続ける

行動は、すべての成功の基本となる

パブロ・ピカソ

「最高の顧客体験」を届けるための20の質問

本書の根底には、顧客中心のプラットフォームを構築している企業が少ないという考え方がある。

多くの企業は、画期的な製品をつくり、効率的な物流チャネルを構築し、競争力ある価格を維持し、高い品質を実現することによって成功してきた。サービスを重視して、製品を境目なく、正確に提供することで付加価値を創出した企業もある。だが、現在の市場では、従来の製品やサービス主体の戦略では不十分なことが多い。

いま、顧客はかつてないほどの選択肢を手にし、製品やブランドに対して大きな影響力を持っている。そのため、おそらくあなたの会社も（もちろん、メルセデス・ベンツも）、お客様を最優先にした手法を積極的に活用しようとしていることだろう。

本書で伝えた情報が、あなたの顧客最優先を実現するために役立つことを願う。カスタマージャーニーのマッピングが役立つ人も、メルセデス・ベンツが「ブランド・イマージョン・エクスペリエンス」プログラムをいかにつくったかが参考になる人もいるだろう。

読者の皆さんが最高の顧客体験を届けるために、そのプロセスをチェックできるよう20の質問を用意した。それぞれの質問について考え、チームで話し合うきっかけにしてほしい。

1　すぐれた顧客体験を提供するうえで、あなたの会社の強み、弱み、機会、脅威について何を学んだか？

2　あなたの会社では、顧客体験を改善するためにどのような説得力あるビジョンを描いているか？　主要な関係者はそれに賛同しているか？

3　すぐれた顧客体験が収益性や持続性の原動力となっているか？　すぐれた顧客体験の提供を実現するために、組織のメンバーの力がいかに必要か伝わっているか？

4　お客様とあなたの会社とのすべてのやりとりにおいて、顧客体験を改善し、信頼を築くために、どのようなリソースがあるか？

5　カスタマージャーニーをいかに整備し、改善しているか？

6　リアルタイムにお客様のフィードバックを得られるツールを用意しているか？　お客様1人ひとりの問題に対応し、そのプロセスを改善するためのツールを活用しているか？

7　「顧客中心のパフォーマンス評価」をチームのメンバーの成長へ結びつけているか？

8　「顧客中心のパフォーマンス評価」をいかに主要な業績指標に結びつけているか？

9　すぐれた顧客体験を追求するために、どのようなプログラムでメンバーの心と頭を動かしているか？

10　従業員のエンゲージメントをいかに測り、リーダーに部下の環境を改善するためにどのようなツールを提供しているか？

11　お客様の不満を解消し、最高の体験を届けるためにプロセスの改善をどのようにしたか？

12　お客様の体験を境目のないものにするために、どのようなテクノロジーを取り入れているか？

13 現在のお客様、そして将来のお客様に、時代に合った体験を届けるためにどのようなことをしているか？

14 「最新のテクノロジー」と「お客様への心のこもった対応」とをどのように組み合わせているか？

15 「お客様への対応」を評価するために、どのような基準を用いているか？

16 顧客満足度に関する内部と外部のデータをいかに組み合わせているか？　お客様との関係ややりとりをどのように評価しているか？

17 お客様の声を聞くプロセスを常に改善しているか？

18 お客様のニーズを反映して、すぐれた体験を創出するための行動をいかに改善しているか？

19 未来の最適な顧客体験のビジョンをいかに伝えているか？

20　お客様にすぐれた体験を提供するために、いかにインパクトを与え続けているか？

1から19までの質問については、これまで本書で伝えてきた内容が参考になるだろう。最後の質問については、メルセデス・ベンツは答えを示していない。だが、同社のリーダーたちがインパクトについて、どう考え、語っているかを知ることが参考になるだろう。

鍵となるのは「ダイナスティ」「サステナビリティ」そして「レガシー」

CEOのスティーブ・キャノンは、「顧客第一主義の企業文化をつくるための改革をいかに評価するか」を問われ、次のように述べている。

「最高の顧客体験を届けるための取り組みによって、すべての制約がはずされた。全米部品サービスマネジャー会議、全米販売店会議でも、重役会議でも、この取り組みが真剣にとらえられている。何千人もの従業員が、素晴らしい体験を提供するためにいっそうの努力をしている。そうした姿勢は、『デジタル・サービス・ドライブ』や『リーダーシップ・アカデミー』に限られたことではない。改革を始める前と後を比べると、細部への注力が大きく異なる。研修の参加者のために最善のものをつくろうとしているからだ。メルセデス・ベンツのスタッフは、イベントを顧客にとってより良いものにするにはどうしたらいいかを常に考えている。提供するコーヒーの質にも気をつかう。わたしたちの行動は販売店にとって手本となり、ブランドとして何を求められているかを体現している。最高の顧客体験を届けるための責任を自らに課し、その責任感が会社全体に蓄積されて大きなインパクトとなっている」

こうした顧客優先の行動は、お客様への対応にどのように表れているだろうか。スティーブは言う。

「お客様と直接、接する部門がたくさんある。『カスタマー・アシスタンス・センター』といった部門や、USオープンやマスターズなどのマーケティング活動もそうだ。だが、最も多いのは販売店への対応だ。わたしたちのお客様に直接、影響を及ぼすのは販売店だ。販売店とメルセデス・ベンツの協力がうまくいっているのは、お客様のフィードバックのデータや、他社の調査結果でもわかる。だが、それ以上にお客様から直接聞いたエピソードには心を動かされる」

たとえば、次のようなエピソードもある。

低燃費のSUVを修理に持って行きました。古い修理センターが少し改装されたんだろうと思っていました。ところが、びっくりしました。修理工場のドアがすぐに開いて、サービスアドバイザーが出迎えてくれたからです。

すぐに過去18カ月に起こった不具合を説明しました。その間、店の人が車のデジタル診断をしてくれました。ほかの店だったら、誰か出てきてくれないかな、とまだ待っているところだと思います。

車がなかに運び込まれたら、代車が出てきました。6分か7分で店を出ることができました。「ここまでは良かったけれど、修理のほうはどうかな？」と思っていたら、数時間後に「電話でお伝えできれば」というメールが来ました。

電話で何度か話した後、必要な修理と費用について話がまとまりました。修理の1つは必要ないと言ってもらえました。おかげで200ドル浮きました。

2日後、メッセージと電話で、修理が終わったと連絡がありました。ネットで支払いをして、家まで車を持ってきてくれるということでしたが、断りました。販売店へもう1度行きたかったからです。最終的な請求額は見積りより少なかったです。そんなことは初めてでした。

車もすべてちゃんと直っていて、サービスアドバイザーにお礼を言って家を出て、販売店に向かいました。すべてが素晴らしくて、これからもずっと客でいたいと思いました。

このような顧客から寄せられるエピソードについて、スティーブは次のように述べている。

「客観的なデーターから、わたしたちの改革がうまくいっていることはわかるが、お客様がずっとお客様でいると言ってくれるのは、もっとうれしい。わたしたちが始めたこと、つまり、最高の顧客体験を提供するための努力がうまくいっているのを直接知ることができるからだ」

同社の取り組みは、アメリカ以外にも影響を及ぼしている。最高の顧客体験を提供するのは、メルセデス・ベンツUSAの親会社であるダイムラーAGの最優先事項であり、メルセデス・ベンツUSAが始めたアイデア（製品コンシェルジュなど）が他国でも取り入れられている。その影響力はさらに広がり、スティーブはカナダ、メキシコを含む北米地域の責任者となった。

そのことについて、スティーブはこう語っている。

「メルセデス・ベンツUSAが最初に取り組みを始めた。テクノロジー、人、研修、リーダーシップ、システムを結びつけることができたので、世界中のメルセデス・ベンツのリーダーたちは、それぞれの市場でお客様の体験をより良いものにするためにそれらを活用することができる」

メルセデス・ベンツ・カナダの社長兼CEOのティム・ロイスは、スティーブとメルセデス・ベンツUSAが「他国の見本となるような顧客体験をつくった」と言い、さらにこう続ける。

「それぞれの国のお客様のニーズは異なるが、メルセデス・ベンツUSAはすぐれた顧客体験を創出するために、総合的で、先進的な手法を提供して、先導役を果たしている」

スティーブは、顧客体験を改善するための取り組みについて、販売店に次のように報告している。

「改革が進んでいるのを誇らしく思う。これからもアクセルを踏み続けなければならない。ライバルたちも追いつこうと努力し続けるだろう。さらに重要なのは、わたしたちのお客様は、これからも最高のサービスを受けるにふさわしいということだ。**これからも揺るぎのない取り組みを続け、競争力を維持し、『ダイナスティ（王朝）』を築こう**」

第11章で述べたように、J・D・パワー社の「セールス満足度指数」、「全米顧客満足度指数」、パイドパイパー社のランキング、ポーク社のロイヤルティ評価などで成功を収めたスティーブは、「ダイナスティを築く」という考えをリーダーたちとの会議で伝えるようになった。2014年の全米販売店会議で、スティーブは次のように述べている。

「わたしたちの成功は、さまざまに解釈することができる。『ミッションを達成した』と考える人も、『ようやく報われた』と思う人もいるだろう。わたしは、次に起こることの予告編だと見ている。力を合わせれば、素晴らしいことが達成できるのがわかった。いまこそ、ダイナスティを築くときだ。『ダイナスティを築く』と言われて何を思うだろうか。メジャーリーグのワールドシリーズで27回優勝したニューヨーク・ヤンキースか、NBAで8年連続で優勝したこともあるボストン・セルティックスか。わたしは、**卓越性を継続して示すことができる者がダイナスティを名乗る資格がある**と考えている。勝利が習慣になったというのは、相手にこちらの動きを知られても常に勝てるようになったときだ。ここアメリカでダイナスティを築くのにふさわしいときがきた。それをわたしたちの目標にすべきだ」

「ダイナスティを築こう」と鬨《とき》の声をあげるのはきわめて大胆に聞こえるかもしれないが、製品志向のメルセデス・ベンツが顧客体験で世界のリーダーになろうとしているのも同じである。「ダイナスティ」という考え方の裏には、リーダーシップのスキルと人への理解がある。

高級車という競争の激しい市場で成功するのは難しいが、それを維持していくのはさらに難しい。短期的に売上1位を達成するとか、J・D・パワー社の「セールス満足度指数」で1位になろうと人々を励ますことはできても、それを何度も手にするために、もう1度、頑張ろうと刺激するのは最初のときほど容易ではない。一発屋ではなく、ローリングストーンズのように何十年もヒット作をつくり続けるには、何か特別なものが必要だ。スティーブの呼びかけは、成長を持続させるための刺激なのである。

スティーブは「顧客体験のダイナスティを築こう」と呼びかけているが、リーダーが変わっても彼が望むレガシーは続いていくのだろうか。スティーブはこう語る。

「『最高の顧客体験を届ける』という考え方は、組織に確実に浸透し、わたしがいなくなっても続いていくと信じている。もちろん、どの企業もお客様について話をしなくなれば衰退する」

セールス部門担当副社長であるディトマー・エクスラーも、従業員が顧客中心の考え方を維持できるようサポートするべきだと強調している。

「これまで達成してきたことを誇りに思う。だが、プロセスの改善は、改革において最も簡単で自然なことだ。お客様に負担のかからないセールス体験と迅速なサービスを提供する必要がある。ヒューマンリソース（人材資源）をマネジメントして、従業員の集中力を維持するほうがより難しい。そこで成果を出すことが、ダイナスティを築く礎になる」

顧客サービス担当副社長のガレス・ジョイスも、メルセデス・ベンツのリーダーたちのレガシーと顧客中心の文化を守っていくことについて同様に考えている。

「大きな前進を果たしたが、やるべきことはまだたくさんある。わたしたちのブランドについて、製品をすぐれたものにするだけでなく、いかに顧客体験のリーダーとなるかについて、新しい話し合いが始まったのをうれしく思う」

ガレスは、メルセデス・ベンツの顧客体験の取り組みついて記した本がこれまでになかったことを彼のチームに思い起こさせた。そして、わたしに、そうした本があればいかにレガシーを築くために役立つかを経営陣と話し合ってほしい、と言った。

「書店に行って本棚にこの本が並んでいるのを見るとき、わたしたちの取り組みが、自動車業界を超えて影響力を及ぼすことに気づくだろう。読者の多くは企業のリーダーかもしれない。また、お客様が、わたしたちがビジョンを達成するために情熱を持ち続けて取り組んでいるか、あるいは一過性のものだったのかを知ろうとして読むかもしれない」

著者であるわたしも、メルセデス・ベンツは、最高の顧客体験を届けるという「ダイナスティ」を築くことができる位置にいると考えている。

スティーブ、ディトマー、ガレスは「レガシー」に関して、重要なことを教えてくれている。それは、**「リーダーはすぐれた顧客体験を提供するというビジョンを示すだけでなく、そのビジョンを明確にするために行動しなければならない」**ということだ。部下たちが、「良い顧客体験」と「最高の顧客体験」の違いをつくり出すために細部に注力しているかどうかに目を配る必要がある。最終的には、すぐれた顧客への対応はお客様が語るストーリーに、また顧客調査から集められるデータに表れる。

世界的なベストセラー『7つの習慣』（キングベアー出版）などでも知られるスティーブン・コヴィーは、次のように言っている。

「人間の自己実現にとって基本となるものがいくつかある。その本質は、『生きて、愛して、学んで、レガシーを残す』ことだ……レガシーを残す必要性は、意味、目的、自分自身の存在、献身の意味を知る精神的な欲求である[※1]」

あなたが生き、愛し、学び、お客様に、従業員に、影響を及ぼすことができるすべての人に最高の体験を届けるために、アクセルを踏み続けることを願う。

謝辞

ピューリッツァー賞を受賞したソートン・ワイルダーは「わたしたちは『宝物』が何かを自分の心がわかっているときだけ生きているといえる」と述べている。本書を完成させたいま、いくつかの宝物について述べたい。

わたしは「宝物」という言葉が大好きだ。目には見えない大きな価値があるものを感じさせる。大切で愛しいものであることを示している。そこで、わたしの宝物について語ろう。それは読者の皆さんだ。

読者の皆さんが本書を読み、それについて話し、ほかの人にすすめてくれれば、それがわたしの人生を変える。皆さんが、職場や人生をより良いものにするために本書で記したことを活用してくれれば、わたしは使命を果たすことになる。

わたしは素晴らしいリーダーたちと仕事をしてきた。彼らは明確なビジョンを持ち、「人を中心とした」企業をつくっている。本書では、それらをメルセデス・ベンツＵＳＡの社長兼ＣＥＯであるスティーブ・キャノンから学ぶことができる。スティーブほど、明確なビジョンを持ち、規律を重んじ、周囲に力を与えてくれるリーダーはいない。スティーブや彼のチームと一緒に仕事をし、本書を執筆できたことをうれしく思う。

また、「顧客体験チーム」のゼネラルマネジャーであるハリー・ハイネカンプにも感謝する。わたしはコンサルタントとして、作家としてハリーとともに仕事をしたとき、彼から誰にも真似できないほどの気配りと顧客体験に対する情熱を感じた。彼とそのチームは、メルセデス・ベンツUSAの顧客体験の改善と本書の力強い動力となった。

さらに本書が実現したのは、ハリーのチームのケリー・タニス、ジェニ・ハーモン、モーラ・ウィルソンのおかげである。

ほかにも宝物のような関係（本書を書くように刺激を与えてくれた）を築いたリーダーたちはたくさんいるが、そのすべてを本書で触れることができなかった。その埋め合わせに名前の一部と素晴らしさをあげさせていただく。

スコット・バーガー――パンドラ・ジュエリー・アメリカズ社長。謙虚で、やさしくて、透明性がある。

ボブ・ヤーマス――ソニーズBBQのCEO。賢明で、地域に献身し、揺るぎのない信念を持っている。

ジョン・ゲイナー――インターナショナル・デイリー・クイーンCEO。親しみやすさ、確実な行動力、見識が素晴らしい。

ベン・ザルツマン――アクイティ社長兼CEO。信頼性とエネルギーと遊び心がある。

ウイリアム・ヤーマス――オールモスト・ファミリーCEO。正しいことをする姿勢、温かさ、思慮深さのある人。

同僚、友人、家族もわたしの人生を豊かにしてくれる宝物だ。リン・ステンフテネジェルはこの3つのすべてに当てはまる。リンとわたしは一緒に仕事をして10年以上になる。彼女はわたしが書くすべての本を整理してまとめてくれる。彼女のおかげで、わたしたちのビジネスはわたしが想像した以上に成長した。妻が亡くなったときもわたしを支えてくれ、わたしを信じてくれた。誰もがリンのような宝物を得られたら素晴らしいと思う。

(本書の出版社) マグローヒルのエグゼクティブ・エディターであるドーニャ・ディッカーソンを、わたしは常に「わたしの編集者」と呼ばせてもらっている。ドーニャは、マグローヒルから出した本6冊を担当してくれた。決してネガティブなことを言わない人だ。熱意と機知に富み、常にわたしに刺激を与えてくれる。常に同じチームで働きたいと思わせる人である。

ほかにもケリー・マークルやロイド・リッチをはじめとして、独自の視点から鋭いコメントをくれたメンバーに感謝する。

ほかにも感謝を伝えたい知人はたくさんいる。わたしを愛し、力づけ、深い悲しみを乗り越えるのに力を貸してくれた人たちがいる。わたしをもう一度、幸せで満ち足りた人生へと引き戻してくれたそうした人々に感謝する。パティ、ロブ、ジュディ、ボブ、ポール、ウィリアム、スーザン、ありがとう。

最後にわたしの最も大事な宝物である2人の子どもたち、アンドルーとフィオナに感謝する。小さな頃から彼らはわたしに喜びを与えてくれたが、いま、彼らが成長していくのを見守るのを楽しみ、フィオナの思いやりと献身、アンドルーの愛情深さと知識欲から多くを学んでいる。

宝物の一部にしか触れられなかったが、本書を読んでくださった皆さんに感謝する。本書があなたの会社、チームのメンバー、お客様、大事な人々にとって、さらに価値のある宝物になるお手伝いができれば幸いである。

ジョゼフ・ミケーリ

J. Cantanucci, Michael Cronk, Michael Doherty, Michael Dougherty, Michael Kamen, Michael Nordberg, Michael J. Viator, Michele Ventola, Mike Figliuolo, Mike Slagter, Mindy Hatton, Mustafa Ramani, Nancy Rece, Niky Xilouris, Niles Barlow, Pat Evans, Patrick Osweiler, Paul David, Paul Nitsche, Peter Collins, Randy West, Rob Moran, Robert Policano, Robert Tomlin, Roger Loewenheim, Ronald D. Moore, Ronald D. Ross, Sandra Eliga, Scott Penza, Simon Huang, Sonja Bower, Stephen Quinones, Steve Cannon, Steve Frischer, Steve H., Steve Kempner, Steve Levine, Tim Gogal, Thomas Chen, Todd Mulvey, Tomas Hora, Tonia Palmieri, Tylden Dowell, Wanda Lubiak-Schneider, Wen Liu, and Wendell F. McBurney.

ウェブサイト www.driventodelight.com/customerstories ではメルセデス・ベンツUSAの顧客体験についてさらに詳しく紹介している。

releases/2014-Top-Brands-as-Rated-by-Women-when-Servicing-their-Vehicle.pdf.

※15 GoodReads website, http://www.goodreads.com/quotes/28152-human-behavior-flows-from-three-main-sources-desire-emotion-and.

第12章

※1 Dave Guilford, "M-B Pushes Dealers to Lift Customer Experience," *Automotive News*, February 2, 2015, http://www.autonews.eom/article/20150202/RETAIL06/302029970/m-b-pushes-dealers-to-lift-customer-experience.

終章

※1 Inspirational Stories website, http://www.inspirationalstories.com/quotes/stephen-r-covey-the-core-of-any-family-is-what-is/.

本書の内容の多くはメルセデス・ベンツUSAおよびメルセデス・ベンツ・ファイナンシャルサービスの従業員、顧客、ほかの関係者との対面、電話でのインタビューなどにもとづくものである。以下を含む多くの方々に協力をいただいた。

Alan Hill, Alexander Blastos, Andrea Conklin, Andrea Doukas, Andrew Noye, Anna Kleinebreil, Anthony D. Zepf, M. Bart Herring, Bernhard J. Glaser, Bill Faulk, Blair Creed, Brandon Newman, Brian Fulton, Cai Ramhorst, Carin Henderson, Carl Burba, Celso Rochez, Cesare De Novellis, Charles DeFelice, Christine Lohrfink-Diaz, Christopher Lantz, Cindy (Cid) Szegedy, Craig Hugelmeyer, Craig Iovino, Dara Davis, Darryl B. Dalton, David Lynn, David Thorne, Debra Eliopoulos, Dianne Quinn, Dianna du Preez, Dietmar Exler, Donna Boland, Donna Pompeo, Drew Slaven, Ellen M. Braaf, Erin Presti, Frank J. Diertl, Fred W. Newcomb, Gareth Joyce, George Levy, Gregory Forbes, Greg Gates, Greg Settle, Gus Corbella, Harald Henn, Harry Hynekamp, Heike Lauf, James Hall, James A. Krause, James Wiseman, Jane Gedeon, Jay Borden, Jay Wojcik, Jeff Kroener, Jenni Harmon, Jennifer Kircher, Jennifer A. Perez, Joe Haury, John D. Ely, John R. Modric, Joe Wankmuller, Jon Whittaker, Julian Soell, Katie Railey, Karen Matri, Kelly Tanis, Kerry Klepfer, Kimberly Sokolewicz, Kristi Steinberg, Kurt Grosman, Lawrence Jakobi, Len Barbato, Lin Nelson, Lisa Rosenfeld, Lourence du Preez, Margaret Negron, Margret Dieterle, Mark Aikman, Markus Bischof, Matt Bowerman, Maura Gallagher-Wilson, Michael T. Barrett, Michael in-2014-240525211 .html.

※6 "NJBIZ Ranks the Best Places to Work in New Jersey," NJBIZ website, May 2, 2014, http://www.njbiz.com/article/20140502/NJBIZ01/140509963/njbiz-ranks-the-best-places-to-work-in-new-jersey.

※7 "Mercedes-Benz USA Ranks Among Top 10 'Best Places to Work in New Jersey,"' PR Newswire, May 5, 2014, http://www.prnewswire.com/news-releases/mercedes-benz-usa-ranks-among-top-10-best-places-to-work-in-new-jersey-257938041 .html.

※8 "Product Specialist Role in Sales Process Grows as Vehicle Technology and Complexity Increase," J.D. Power, November 13, 2014, http://www.jdpower.com/press-releases/2014-us-sales-satisfaction-index-ssi-study.

※9 Paul Ausick, "Mercedes Ranks Number 1 in Customer Satisfaction," 24/7 Wall St website, August 26, 2014, http://247wallst.com/autos/2014/08/26/mercedes-ranks-number-1-in-customer-satisfaction/.

※10 Forrest Morgeson and A. J. Singh, "Ritz-Carlton, JW Marriott Tops in Satisfa ction," Hotel News Now website, May 1, 2014, http://www.hotelnewsnow.com/article/13615/ritz-carlton-jw-marriott-tops-in-satisfaction; Bob Fernandez, and https://www.theacsi.org/customer-satisfaction-benchmarks/benchmarks-by-company.

※11 IHS Inc., "Automotive Industry Celebrates Polk Automotive Loyalty Wi nners," January 14, 2014, http://press.ihs.com/press-release/automotive/automotive-industry-celebrates-polk-automotive-loyalty-winners; "Ford Earns Top Marks in Polk Automotive Loyalty Awards; Volkswagen Named Most Imp roved," *PR Newswire*, January 15, 2013, www.prnewswire.com/news-releases/ford-earns-top-marks-in-polk-automotive-loyalty-awards-volkswagen-named-most-improved-187047751 .html.

※12 Accenture, "Maximizing Customer Retention," http://www.slideshare.net/am ora3/accenture-maximizingcustomerretention-40022831.

※13 "Benz Dealerships Score With Mystery Shoppers," *Automotive News* First Shift, July 2015, www.piedpiperpsi.com/press-automotive-news-first-shift-241.htm.

※14 "2014 Top Brands as Rated by Women When Servicing their Vehicle," Women-Drivers.com, April 28, 2014, http://www.women-drivers.com/media/press-

※2 Michael Graham Richard, "Tesla Wins Lawsuit to Protect Its Apple-Like Distribution Model," TreeHugger website, January 7, 2013, http://www.treehugger.com/cars/tesla-wins-lawsuit-protect-its-apple-disttibution-model-traditional-auto-dealerships.html.

※3 Tricia Duryee, "The Number of People Who Ultimately Pay for That 'Free' Amazon Prime Trial: 70 Percent," *GeekWire*, December 30, 2014, http://www.geekwire.com/2014/number-people-ultimately-pay-free-amazon-prime-trial-70-percent/; Don Reisinger, "Amazon Prime Members Spend Hundreds More than Nonmembers," cnet website, January 27, 2015, http://www.cnet.com/news/amazon-prime-members-spend-hundreds-more-than-non-members/#!.

※4 Richard MacManus, "Tim O'Reilly Interview, Part 2: Business Models & RSS," *ReadWrite*, November 17, 2004, http://readwrite.eom/2004/11/17/tim_oreilly_int_l.

第10章

※1 Sascha Segan, "New Kindle Fire Tablets Feature Live Customer Support," *PC Magazine*, September 25, 2013, http://www.pcmag.com/article2/0,2817,2424814,00.asp.

第11章

※1 BrainyQuote website, http://www.brainyquote.eom/quotes/quotes/b/billbradle384430.html.

※2 Viknesh Vijayenthiran, "BMW Tops U.S. Luxury Auto Sales in 2012," Motor Authority website, January 4, 2013, http://www.motorauthority.com/news /1081451_bmw-tops-u-s-luxury-auto-sales-in-2012.

※3 Joseph B. White, "Mercedes Eked Out U.S. Win Vs. BMW Brand in 2013," *Wall Street Journal*, January 3, 2014, http://www.wsj.com/articles/SB10001424052702303370904579298700881945752.

※4 Anita Lienert, "BMW Snags Luxury Car Crown Back from Mercedes-Benz," Edmunds.com, January 7, 2015, http://www.edmunds.com/car-news/bmw-snags-luxury-car-crown-back-from-mercedes-benz.html.

※5 "Mercedes-Benz USA Named to FORTUNE'S 100 Best Companies to Work For in 2014," *PR Newswire*, http://www.prnewswire.com/news-releases/mercedes-benz-usa-named-to-fortunes-100-best-companies-to-work-for-

resources/press-releases/press-archive/press-release-august-2012.
※3 "Customer Satisfaction with Dealer Service Facilities Outpaces Satisfaction with Independent Service Centers," J.D. Power website, March 13,2012, http://www.jdpower.com/press-releases/2012-us-customer-service-index-csi-study.
※4 "Online Ratings/Review Sites and Social Networking Sites Impact New-Vehicle Buyers' Selection of Dealership," J.D. Power website, November 28, 2012, http://www.jdpower.com/es/node/3055.
※5 BrainyQuote website, http://www.brainyquote.com/quotes/quotes/l/leonardberl40536.html.

第6章

※1 Robust Volume Growth and Rich Product Mix Boost Profitability at Mercedes," *Forbes*, February 6, 2015, http://www.forbes.com/sites/greatspeculations/2015/02/06/daimler-earnings-review-robust-volume-growth-and-rich-product-mix-boost-profitability-at-mercedes/.
※2 Trefis Team, "Daimler to Start Production of Sprinter Vans in North America," *Forbes*, December 23, 2014, http://www.forbes.com/sites/greatspeculations/2014/12/23/daimler-to-start-production-of-sprinter-vans-in-north-america/.
※3 Alex McClafferty, "The Ultimate List of Inspirational Quotes for Entrepreneurs," *Inc.*, http://www.inc.com/alex-mcclafferty/the-ultimate-list-of-inspirational-quotes-for-entrepreneurs.html.
※4 Martin Seligman, Authentic Happiness: *Using the New Positive Psychology to Realize Your Potential for Lasting Fulfillment* (New York: Atria Paperback, 2004). (邦訳『世界でひとつだけの幸せ　ポジティブ心理学が教えてくれる満ち足りた人生』アスペクト)
※5 Quora, "Did Peter Drucker Actually Say "Culture Eats Strategy for Breakfast"- and If So, Where/When?" http://www.quora.com/Did-Peter-Drucker-actually-say-culture-eats-strategy-for-breakfast-and-if-so-where-when.

第9章

※1 David Barkholz, "Marketing to Millennial: Make It Online, Fast, Easy," *Automotive News*, August 6, 2012, http://www.autonews.com/apps/pbcs.dll/article?AID=/20120806/RETAIL07/308069962/1422/marketing-to-millennials-make-it-online-fast-easy.

※13 Jay Busbee, "Russia Gives All Its Gold Medalists $120,000, a New Mercedes," *Fourth-Place Medal*, February 27, 2014, http://sports.yahoo.com/blogs/fourth-place-medal/russia-gives-all-its-gold-medalists--120-000--a-new-mercedes-174223357.html.

※14 Christina Rogers, "Daimler CEO Revs Up Mercedes to Challenge BMW," *Wall Street Journal*, January 6, 2015, http://www.wsj.com/articles/daimler-ceo-revs-up-mercedes-to-challenge-bmw-1420592274.

※15 "DaimlerChrysler Dawns," *CNN Money* website, May 7, 1998, http://money.cnn.com/1998/05/07/deals/benz/.

※16 James Franey, "Zetsche: Daimler Learned Lesson from Chrysler Deal," *Automotive News*, May 16, 2008, http://www.autonews.eom/artide/20080516/COPY01/170077317/zetsche:-daimler-learned-lesson-from-chrysler-deal.

※17 Jonathan Michaels, "Spend It Like You Got It: Dealers Suffer Under Facility Design Programs," *Los Angeles Daily Journal*, December 6, 2011, http://mlgautomotivelaw.com/press/2011-12-6-Daily-Journal-Spend-it-like-you-got-it.pdf.

第2章

※1 Diana T. Kurylko, "Mercedes CEO: Customer Service Will Be 'My Legacy,'" *Automotive News*, May 6, 2013, http://www.autonews.com/article/20130506/C)EM02/305069979/mercedes-ceo:-customer-service-will-be-my-legacy.

※2 Kotter International, "The 8-Step Process for Leading Change," http://www.kotterinternational.com/ the-8-step-process-for-leading-change/.

第4章

※1 G. Lynn Shostack, "Designing Services That Deliver," *Harvard Business Review*, January 1984, https://hbr.org/1984/01/ designing-services-that-deliver.

第5章

※1 "Mercedes-Benz Dealers Top Ranked by 2012 Pied Piper Prospect Satisfaction Index," PR *Newswire*, July 9, 2012, http://www.prnewswire.com/news-releases/mercedes-benz-dealers-top-ranked-by-2012-pied-piper-prospect-satisfaction-index-161766325.html.

※2 "Quality Improvement Boosts Customer Satisfaction for Automakers," press release, August 2012, ACSI website, https://www.theacsi.org/news-and-

注記

第1章

※1 "Leading Through Innovation" MBUSA website, www.mbusa.com/mercedes/benz/innofation.

※2 "The History of Lexus", Lexus USA Newsroom, http://presroom.lexus.com/releases/history+lexus.htm.

※3 Steve Finlay, "What Do Customers Know?" *WardsAuto*, August 1, 2013, http://www.piedpiperpsi.com/download/documents/210.htm.

※4 Ron Motoya, "Luxury Automakers Top Mystery Shopping Study," *Edmunds Daily*, July 13, 2010, http://www.piedpiperpsi.com/download/documents/111.htm.

※5 http://www.piedpiperpsi.com/download/documents/144.htm.

※6 J. D. Power, "J. D. Power and Associates Reports: Low Vehicle Sales Likely to Cause Precipitous Drop in Auto Dealer Service Visits During the next Several Years, Reaching Low Point in 2013," February 24, 2010, http:businesscenter.jdpower.com/news/pressrelease/aspx?ID=2010021.

※7 "Rankings", Interbrand website, http://www.bestglobalbrands.com/2014/ranking/.

※8 "Best global Brands 2013", Interbrand website, http://interbrand.com/assets/uploads/Interbrand-Best-Global-Brands-2013.pdf.

※9 "Brand Equity for Many Luxury and Full Line Automotive Brands at 10-Year High, Finds 2014 Harris Poll Equi Trend Study," Harris website, http://www.harrisinteractive.com/NewsRoom/PressRelease/tabid/446/mid/1506/articled/1449/ctl/readCustom%20Default/Default.aspx.

※10 "The World's Most Valuable Brands," *Forbes* website, http://www.forbes.com/pictures/mli45egehl/13153/.

※11 "India's Youth Rank Mercedes-Benz as the #1 Auto Brand in economic Times Brand Equity 'Most Exciting Brand's Annual Study", German Car4um, http://www.germancarforum.com/threads/indias-youth-rank-mercedes-benz-as-the-1-auto-brand.47956/.

※12 "Mercedes S-Class Wins First Ever China Car of the Year," AutoGuide.com, December 2, 2013, http://www.autoguide.com/auto-news/2013/12/mercedes-s-class-wins-first-ever-china-car-of-the-year.html.

ジョゼフ・ミケーリ

企業コンサルタントとして、また講演、執筆を通して国際的に活躍。『スターバックス 5つの成功法則と「グリーンエプロンブック」の精神』『ゴールド・スタンダード』(いずれもブックマン社)、『究極の顧客サービス「ザッポス体験」』(日経BP社)、『スターバックス 輝きを取り戻すためにこだわり続けた5つの原則』(日本経済新聞出版社)など、多くの著書が全米ベストセラーとなる。

月沢李歌子(つきさわ　りかこ)

翻訳家。津田塾大学卒。外資系投資顧問会社勤務を経て翻訳家に。訳書に『スターバックス 5つの成功法則と「グリーンエプロンブック」の精神』『ゴールド・スタンダード』(いずれもブックマン社)、『ディズニーが教える お客様を感動させる最高の方法』(日本経済新聞出版社)』ほか多数ある。

メルセデス・ベンツ「最高《さいこう》の顧客体験《こきゃくたいけん》」の届《とど》け方《かた》

2017年2月1日　初版発行

著　者　ジョゼフ・ミケーリ
訳　者　月沢李歌子
発行者　吉田啓二

発行所　株式会社日本実業出版社　東京都新宿区市谷本村町3－29 〒162-0845
大阪市北区西天満6－8－1 〒530-0047
編集部 ☎03－3268－5651
営業部 ☎03－3268－5161　振　替　00170－1－25349
http://www.njg.co.jp/

印 刷／堀内印刷　製 本／若林製本

この本の内容についてのお問合せは、書面かFAX (03－3268－0832) にてお願い致します。
落丁・乱丁本は、送料小社負担にて、お取り替え致します。

ISBN 978-4-534-05465-4 Printed in JAPAN

日本実業出版社の本

世界を動かすリーダーは何を学び、どう考え、何をしてきたのか?

プラチナリーダー550人を調査してわかったこと

D・マイケル・リンゼイ、
M・G・ヘイガー 著
バートン久美子 訳
定価本体1700円（税別）

CEO、大統領、トップコンサルタント……世界を動かすリーダーたちは、なぜ成功したのか？　どんな教育を受け、学生時代どう過ごしたのか？　分岐点は？　綿密な取材をもとに実態を明らかにする！

オラクル流 コンサルティング

キム・ミラー 著
夏井幸子 訳
定価本体1600円（税別）

市場で圧倒的なシェアを誇る“業界の巨人”オラクルの現役ディレクターが明かす、コンサルタント育成プログラム。世界最高峰のバリューを提供する「ベストプラクティス」を初公開！

クリエイターズ・コード

並外れた起業家たちに共通する6つのエッセンシャル・スキル

エイミー・ウィルキンソン 著
武田玲子 訳
定価本体1700円（税別）

ペイパル、テスラ……ゼロから１を生み出す天才たちの共通点とは？　約200名のスタートアップ起業家を取材して暗号（コード）を解読し、「アイデアを驚異的なビジネスに変える方法」を明かす。

定価変更の場合はご了承ください。